中 国 区 域 环 境 保 护 丛 书
重 庆 环 境 保 护 丛 书

重庆环境污染防治

《重庆环境保护丛书》编委会　编著

中国环境科学出版社・北京

图书在版编目（CIP）数据

重庆环境污染防治/《重庆环境保护丛书》编委会编著. —北京：中国环境科学出版社，2011.9
（中国区域环境保护丛书. 重庆环境保护丛书）
ISBN 978-7-5111-0706-0

Ⅰ. ①重… Ⅱ. ①重… Ⅲ. ①环境污染—污染防治—概况—重庆市 Ⅳ. ①X508.271.9

中国版本图书馆 CIP 数据核字（2011）第 183810 号

责任编辑 周 煜 吴振峰 仉 凡
文字编辑 刘思佳
责任校对 尹 芳
封面设计 玄石至上

出版发行 中国环境科学出版社
（100062 北京东城区广渠门内大街 16 号）
网 址：http://www.cesp.com.cn
联系电话：010-67112765（总编室）
发行热线：010-67125803，010-67113405（传真）
印 刷 北京中科印刷有限公司
经 销 各地新华书店
版 次 2011 年 9 月第 1 版
印 次 2011 年 9 月第 1 次印刷
开 本 787×960 1/16
印 张 11
字 数 140 千字
定 价 28.00 元

《中国区域环境保护丛书》

《中国区域环境保护丛书》

《重庆环境保护丛书》

总序

继承历史，不断创新，努力探索中国环保新道路

环境保护事业在中国伴随着改革开放的进程已经走过了30多年的历史，这30多年来，几代环保人经过艰苦卓绝的探索、奋斗，使我国的环境保护事业从无到有，从小到大，从弱到强，从默默无闻到进入国家经济政治社会生活的主干线、主战场和大舞台，我们的环保人创造了属于自己的辉煌历史。

毛泽东说过，“看历史，就会看到前途”，“马克思主义者是善于学习历史的”。从过去的30几年，我们能切实感受到环境保护事业的发展壮大，更切实感受到环境保护事业的美好前景和未来；作为继往开来的环保人，我们同样感受着我们这一代环保人必须承担起的历史责任。我们必须继承前辈们的优良传统，继承他们积累的丰富经验，根据新的形势、新的任务、新的要求，在探索中国环保新道路的征程中奋力前行，全面开创环境保护的新局面。

可以说，中国环境保护的历史就是不断探索中国环保新道路的历史。上个世纪70年代初，立足于工业化起步和局部地区环境污染有所显现的现实，我们开始探索避免走先污染后治理的环保道路。特别是改革开放30多年来，付出了艰辛的努力，在新道路的探索中，环

保事业不断发展，探索重点与时俱进，国家环保机构也实现了“三次跨越”。在1973年第一次全国环保会议上提出的“全面规划、合理布局、综合利用、化害为利、依靠群众、大家动手、保护环境、造福人民”的32字方针的基础上，上个世纪80年代确立了环境保护的基本国策地位，明确了“预防为主防治结合，谁污染谁治理，强化环境管理”的三大政策体系，制定了八项环境管理制度，向环境管理要效益。进入90年代后，提出由污染防治为主转向污染防治和生态保护并重；由末端治理转向源头和全过程控制，实行清洁生产，推动循环经济；由分散的点源治理转向区域流域环境综合整治和依靠产业结构调整；由浓度控制转向浓度控制与总量控制相结合，开始集中治理流域性区域性环境污染。步入“十一五”以来，我们按照历史性转变的要求，确立了全面推进、重点突破的工作思路，提出从国家宏观战略层面解决环境问题，从再生产全过程制定环境经济政策，让不堪重负的江河湖泊休养生息，努力促进环境与经济的高度融合，积极实践以保护环境优化经济增长的路子。这一系列重大决策部署和环保系统坚持不懈的努力，大大推进了探索环保新道路的历程，积累了丰富的经验。历任环保部门的老领导都是探索中国环保新道路的先行者，几代环保人都是探索中国环保新道路的实践者。

历史是宝贵的财富，继承历史才能创造未来。探索中国环保新道路必须继承几代环保人积累下来的宝贵财富。有了继承才有创新，因为每一个创新都是对过去实践经验的总结和升华。因此，学习和掌握环境保护的历史，既是我们工作的需要，也是我们作为环保人的责任。

《中国区域环境保护丛书》（以下简称《丛书》）的编纂出版为我们了解、学习环境保护的历史提供了独特的平台。《丛书》是2008年在我国实施改革开放30周年和我国环境保护工作开创35周年之际启动的一项重大环境文化建设工程，第一次从区域环境的角度，对我国环境保护的历史进行了全面系统的总结、归纳和梳理，充分展现了30多年来我国各省市自治区环境保护工作取得的卓越成就，展现了环境保护事业不断发展壮大的历史，展现了几代环保人不懈奋斗和追求的历程。

要继续探索中国环保新道路，继承是基础，创新是动力。当前，积极探索中国环保新道路，已经成为环保系统的普遍共识和自觉行动。我们要努力用新的理念深化对环境保护的认识，用新的视野把握环境保护事业发展的机遇，用新的实践推动环境保护取得更大的实际成效，用新的体制机制保障环境保护的持续推进，用新的思路谋划环境保护的未来。以环境保护优化经济发展，以环境友好促进社会和谐，以环境文化丰富精神文明，为经济社会全面协调可持续发展作出更大贡献。

环境保护新道路是一个海纳百川、崇尚实践、高度开放的系统工程，是一个不断丰富、不断发展、不断提高的过程，在探索的道路上需要所有环保人前赴后继，永不停息。当前，新的探索已经起步，前进的路途坎坷不平。越是身处逆境，越是形势复杂，越要无所畏惧，越要勇于创新。要以海洋一样博大的胸怀，给那些勇于探索、大胆实践的地方、单位、个人，创造更加宽松的环境，提供施展才华的舞台，让他们轻装上阵、纵横驰骋。要继承30多年来探索环境保护新道路实践的伟大成果，借鉴人类社会一切保护环境的有益经验，站在新的历史起点上，大胆实践，不断创新，将中国环境保护新道路的探索推向一个新的阶段！

环境保护部部长

《中国区域环境保护丛书》总编委会主任

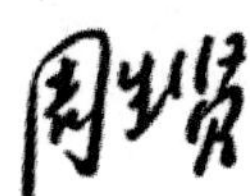

二○一一年六月

前言

我国改革开放30多年来，取得了西方世界用百年时间获得的经济社会发展成果，而西方发达国家在上百年的发展过程中产生的环境问题也在我国近几十年来集中显现。环境保护和可持续发展已经成为全人类的共识。我国的环境问题已经成为社会各界关注的焦点、人民群众关心的热点，成为构建社会主义和谐社会应当着力解决的重要问题。

党中央、国务院历来高度重视环境保护，早在20世纪80年代初期，就确立了“经济建设、城乡建设与环境建设同步规划、同步实施、同步发展，实现经济效益、社会效益与环境效益统一”的战略方针，将环境保护提上了事关国家兴衰成败的基本国策高度。随着改革开放和经济建设的飞速发展，党的十六大又从构建社会主义和谐社会的高度确立了“科学发展”的重大战略；党的十七大更加明确地提出了要把建设资源节约型、环境友好型社会放在工业化、现代化发展战略的突出位置，落实到每个单位和家庭。从而使我国进入了以保护环境优化经济增长的新的发展阶段。

重庆是地处我国西部特殊地理环境的直辖市，环境保护任务艰巨。在党中央、国务院的高度关怀和支持下，以科学发展观为指导，认真贯彻落实党的十七大精神和胡锦涛总书记“314”总体部署，抓住机遇、乘势而上，以推进环境保护“四大行动”和“污染物总量减排”为抓手，以三峡库区水环境保护和主城区大气污染防治为重点，着力解决影响可持续发展和损害群众健康的突出环境问题，积极探索环境保护新道路，加快了环境保护历史性转变。直辖以来，重庆市在经济社会快速健康发展的同时，城乡环境质量也得到了很大改善。

即将出版的《重庆环境保护丛书》是在环保部的统一领导下，编纂的一部具有重庆地方特色的环境保护丛书，是《中国区域环境保护丛书》的一个组成部分。其编纂工作由丛书编辑委员会组织重庆市的环保科研机构、相关大专院校的知名学者、专家和富有实践经验的环保管理干部，历时两年时间，在广泛查阅资料、深入调查研究、反复校正核实的基础上完成的。

本丛书分为《环境科学研究》、《环境发展规划》、《环境污染防治》、《环境管理》以及《生态环境保护》五个分册。从不同侧面，较全面地反映了重庆市的环境特点和环境质量现状，重点反映了重庆直辖以来环保工作的发展历程、重要举措和所取得的重要成就，较详细地介绍了直辖以来保护工作的经验和做法。本丛书是重庆市环境保护事业开创以来所编辑出版的集知识性、学术性和资料价值于一体的综合性书籍。相信本丛书能帮助读者更加系统地认识了解重庆的环境现状及环保工作，从而为“十二五”及更长远的经济社会发展和实际行动提供参考。

愿重庆市广大环保工作者以史为鉴，承上启下，继往开来，一如既往地努力推进全市环境保护工作，为创造重庆更加美好的明天作出贡献！

《重庆环境保护丛书》编委会执行主任　曹光辉

二〇一一年四月十八日

目录

第一章 绪论…1

第一节 污染防治历程…1
第二节 污染防治对策措施…12
第三节 污染物削减措施…17

第二章 大气污染防治…19

第一节 烟、粉尘污染防治…21
第二节 机动车尾气控制…26
第三节 二氧化硫及酸雨控制…32
第四节 保护臭氧层和防止气候变化行动…41

第三章 水污染防治…45

第一节 饮用水水源保护…47
第二节 地下水污染防治…54
第三节 流域水污染治理…56

第四节 城市及库区水污染整治…59
第五节 工业废水处理…63

第四章 固体废物处理…68

第一节 农业固体废物处理…68
第二节 工业废弃物处理…69
第三节 城市垃圾处理…72
第四节 危险废物处理和管理…74
第五节 有毒化学品处理和管理…82
第六节 放射性废物处置…85

第五章 城市环境综合整治…94

第一节 产业结构调整…94
第二节 城市功能区划…95
第三节 城市环境污染防治…98
第四节 创建环保模范城市及宜居城市…100
第五节 “蓝天、碧水、绿地、宁静”四大行动…103

第六章 农村环境综合整治…117

第一节 水土流失治理…117
第二节 土壤污染防治…122
第三节 乡镇企业污染防治…124
第四节 创建环境优美乡镇…126

第七章　推行清洁生产…129

第一节　清洁生产审核…129

第二节　节能减排…134

第三节　清洁能源开发…154

第四节　培育发展循环经济产业链…156

第一章　绪论

环境保护是一项长期而艰巨的任务。重庆市的环境保护工作始于20世纪70年代中期，至今已有30多年的历史。在重庆市委、市政府的坚强领导下，在环保部的大力支持下，全市环保系统认真贯彻党的十七大和十七届四中全会、胡锦涛总书记“314”总体部署、国务院3号文件以及市委三届七次全委会精神，坚持以科学发展观为指导，狠抓各项工作落实，扎实推进全市环保工作。

第一节　污染防治历程

重庆市的环境保护工作集中表现为重庆直辖以来实施的一系列环境保护重大决策和行动计划以及实施这些决策、计划所取得的一系列环境保护的重大成就。在重庆市经济社会高速发展的时期，环境保护工作面临极大挑战，污染防治工作成为近年来环境保护工作的重要内容和改善环境质量的重要手段。重庆市污染防治工作走过了20世纪90年代末“一控双达标”强化重点工业点源污染控制、21世纪初清洁能源改造和工业企业污染防治全面展开、“十一五”期间“四大行动”系统推进到逐步强化源头控制、防治结合等历程。

一、环境保护认识不断深化，工作不断加强

重庆市环保工作起步较早。1974 年 5 月，国务院成立环境保护小组办公室，同年 11 月，重庆市便成立了环境保护局，当时为市政府的组成部门，是全国各省（市）中最早的环保一级局。

重庆环保机构成立后，首先着手解决突出的环境问题，开展了嘉陵江重庆城区段水污染调查、磨滩河水域污染调查、桃花溪沿岸污染源调查、电镀废水污染调查等项目，为选择重点进行治理准备了条件，并在此基础上制定了全市第一个《工业“三废”重点治理项目计划》和《重庆市环境保护十年（1976—1986 年）规划纲要》。之后，从抓典型示范着手，开展污染源治理，包括在电镀企业较多的重庆推进无氰电镀和废水治理、重庆发电厂粉尘治理等重点工程，以点带面，开展“一控双达标”专项行动，大力推进工业污染整治。特别是随后开展的清洁能源改造，对改善主城区空气质量起到重要作用。在此期间还贯彻“预防为主”的方针，开始对建设项目加强管理，以控制新污染源的产生。随后，推进“四大行动”、严格项目准入，将污染防治工作转向全面防控、防治结合、预防为主、源头控制。

从 20 世纪 70 年代以来，随着对环境保护认识的不断深化，重庆市的环保工作得到不断重视和加强，在经济社会快速发展的同时，环保事业得到长足发展。特别是直辖以来，环保工作得到空前重视，上升到党和国家战略高度。1997 年，党中央将“生态环境保护与建设”作为“四件大事”之一交办给重庆；2007 年全国“两会”期间，胡锦涛总书记在参加重庆代表团审议时的“314”重要讲话中强调，要狠抓节能减排与环境保护；2009 年，国务院出台《关于推进重庆市统筹城乡改革和发展的若干意见》（国发[2009] 3 号），要求重庆实施资源环境保障战略，树立生态立市和环境优先的理念，建设长江上游生态文明示范区，把环境保护作为落实国家战略部署的重要工作予以推进。

重庆市委、市政府高度重视环境保护，把环境保护同改善民生紧密结合起来，与经济建设、社会发展同部署、同推进、同考核。历届市委、市政府主要领导坚持在每年“两会”期间召开环境保护座谈会、工作会，对加强环境保护多次做出重要批示和重大决定。原重庆市委书记贺国强、市长包叙定决定每年安排 5 000 万元用于解决重庆市的环境问题，并且大幅度增加环保投入。原市委书记汪洋指出“重庆生态环境保护和建设的特殊重要性，怎么强调都不过分”；原市长王鸿举亲自担任市环委会主任，要求区县党政领导在搞好经济建设的同时，要时刻注重环境保护，要像背 GDP 那样对辖区内的污染物排放量了如指掌；市委书记薄熙来要求，“要更加重视环境保护”，要求“重庆节能减排工作要走在全国前列”，并提出建设“五个重庆”的宏伟目标，把加强环境保护提到了一个崭新的高度。

二、环境保护工作机制体制不断完善，齐抓共管的工作格局逐渐形成

（一）强化了环境保护目标责任制

建立了一把手亲自抓、负总责的环保目标责任制。市委、市政府每年将环境保护目标任务、突出环境问题分解下达到区县党委、政府和市级相关部门，纳入重庆市重大事项督查范围和区县经济社会发展综合考核，并从 2000 年起在全国率先开展了党政一把手环保实绩考核，将环境保护绩效与地方党政一把手政绩挂钩，重庆市上下形成了先进者领跑、落后者追赶的局面，极大地推动了各地的环保工作。

（二）建立了齐抓共管的工作机制

《关于进一步建立和完善环境保护工作长效机制的意见》，建立了以推进环境保护“四大行动”为主的环境质量改善机制，以“严查环境违

法行为保障群众健康环保专项行动”为主的环境执法部门联动机制，以落实党政一把手“亲自抓、负总责”为主的节能减排和环保实绩考核机制，以重庆市“12369”环保举报受理为主的环保社会监督机制。特别是在推进环保“四大行动”方面，通过工作调度会、环境质量分析会、联合执法、案件移交和挂牌督办等措施，形成了改善环境质量、推进环保工作的长效机制。此外，还建立了环保、发改委、规划、国土等部门领导联席会议制度，建立了工商登记与环保监管协作机制、企业环境违法行为的制约和监督等机制。重庆市上下形成了党委及政府领导、人大政协监督、环保部门监督管理、有关部门齐抓共管、新闻媒体和人民群众广泛参与的环保工作机制。

（三）完善了环境保护的各项保障机制

出台了中共重庆市委、重庆市人民政府《关于加强环境保护若干问题的决定》，明确了市环保局对区县环保部门的业务领导关系。在财力较紧的情况下，公共财政逐步往环境保护方面倾斜，特别是近年来，环保投入显著加大。直辖以来，重庆市环保投入资金达 700 亿元。从 2006 年起，市政府还决定以 2005 年 5 000 万元环保专项资金为基数，逐年递增 10%作为污染防治和提升环保监管能力的资金投入。在加大自身投入的同时，积极争取国债、中央专项资金等大力支持。国务院新批准的《三峡库区及其上游水污染防治规划（修订本）》（以下简称《规划（修订本）》）涉及重庆市项目 271 个，规划总投资约 91 亿元，占总投资的 40%。

三、污染防治成效明显，环境质量稳步改善

重庆市委、市政府坚持以环境保护优化经济社会发展，环境保护与经济建设工作同部署、同推进、同考核，以三峡库区水环境保护和生态建设为重点，以实施“蓝天”、“碧水”、“绿地”和“宁静”四大环保行

动为抓手，采取了一系列举措和行动计划，全市环境质量总体保持稳定，部分区域环境质量得到改善。

（一）城市空气环境质量改善明显

重庆地理气象条件不利于大气污染物扩散，曾有“雾都”之称。加之能源结构以本地高硫高灰分煤为主（煤中的硫分和灰分平均含量大于3.5%和25%，分别是全国平均水平的4倍和2倍以上），20世纪空气污染严重，曾是全国10大重污染城市，空气质量优良天数在全国47个环保重点城市常处于后几位。为改善主城区大气环境质量，从20世纪80年代以来，重庆市先后开展了消烟除尘、建设烟尘控制区、酸雨污染综合防治等工作；特别是“十五”以来，相继实施了“清洁能源”、“五管齐下”净空工程和“蓝天行动”等工程，加强了燃煤粉（烟）尘、扬尘和机动车排气污染控制，对主城区2600多台燃煤锅炉和燃煤茶水炉全部改用清洁能源，对燃煤电厂全部安装烟气脱硫设施，对主城100多家污染企业实施环保搬迁等，通过这一系列措施改善重庆主城区空气环境质量。

2009年，主城区空气质量满足优良的天数首次突破300天，达到303天，比2000年增加了116天。空气中主要污染物浓度显著下降，与1979年相比，空气中二氧化硫年日均浓度从0.56毫克/米^{3}下降到0.063毫克/米^3，下降幅度达89%。空气质量达到开展空气质量日报以来历史最好水平。主城区雾天从多年平均的120多天降至50天，摘掉了“雾都”和“全国重污染城市”的帽子。

（二）三峡库区水环境质量保持稳定

为保护好三峡库区一库清水，国家编制实施了《三峡库区及其上游水污染防治规划》（以下简称《规划》），重庆市实施了“碧水行动”，从饮用水源保护、城镇生活污染整治、工业污染防治、农村面源污染防治、船舶污染防治、次级河流综合整治等方面，全面加强了水环境保护工作。

一是推进污水和垃圾处理设施建设。重庆市于1989年建成第一座简易污水处理厂——牛角沱污水处理厂。全市县城以上生活污水处理厂全部建成投运，城市生活污水集中处理率和垃圾无害化处理率分别达到79%和89%（其中三峡库区分别达到84%和94%以上），高于全国平均水平。二是开展库区工业污染整治。三峡库区1 519户淹没工矿企业已搬迁和破产关闭1 480户。纳入《规划》中的65个工业污染整治项目已经基本完成。开展了碳酸锶、造纸、电解锰、电镀等行业的污染专项整治。三是积极推进船舶污染治理。主城、万州、巫山等主要客运港区设置了固体垃圾接收站；新建船舶、逆水航程在4小时以上且在100客位以上的客船和600总吨及以上的机动货船，全部要求安装生活污水处理装置，库区25千瓦以上的运输船舶均配备了油水分离设备和污油水储存装置，400艘船舶安装了一体化生化处理装置。四是开展次级河流环境综合整治。纳入《规划》中的19条次级河流中，完成桃花溪流域污染治理工程，正在实施清水溪二期工程，开工建设梁滩河、桃花河、御临河和澎溪河等4条次级河流综合整治项目。五是圆满完成三峡库区二、三期蓄水固体废物的清理，基本完成四期蓄水固体废物清理。六是在全市禁止销售和使用含磷洗涤剂，从2003年起每年减少3 130吨磷排放。

库区水环境质量总体保持稳定。2007年，长江、嘉陵江和乌江重庆段水质满足Ⅱ类断面比例从1996年的70.6%上升到85.7%，库区干流水质全部满足Ⅲ类要求，长江干流水质经受住了蓄水以来的考验。长江、嘉陵江、乌江重庆段8个国控断面水质全部满足水域功能要求，库区干流水质全部达到Ⅲ类以上标准要求。重庆市城镇集中式饮用水水源地水质达标率100%。三峡工程175米试验性蓄水后，“三江”干流和集中式饮用水水源地水质保持稳定。

（三）生态环境保护和建设取得可喜进展

一是实施重大林业工程。先后实施退耕还林、天然林资源保护、野生动植物保护等工程，开展国家园林城市建设，推进城乡绿化一体化。已完成退耕还林 105 万公顷（退耕地造林 44 万公顷），天然林保护公益林建设 57 万公顷，三峡库区库周绿化带建设造林绿化 4.7 万公顷。全市城市建成区绿地率 27.12%，人均公园绿地 7.71 平方米；森林面积较直辖初增长 52.3%，森林覆盖率增加 12%，达到 33%。

二是开展小流域水土流失综合治理。坚持以沿江、沿路、沿城和沿库地域为重点区域，加快推进水土流失综合治理。直辖以来，全市累计治理水土流失面积 2.63 万千米^2，占全市幅员面积的 31.9%。

三是开展地质灾害防治。2001 年以来，争取国家专项资金 76.19 亿元，开展三峡库区二、三期地质灾害防治，对 378 处地质灾害隐患点实施了工程治理，对 2516 处地质灾害点实施了群测群防，对 179 处地质灾害点的 16669 名群众进行了搬迁。

四是加强生物多样性保护。开展全市生物物种资源调查，实施了三峡库区珍稀濒危野生植物保护工程。建成自然保护区 51 个、风景名胜区 35 个、森林公园 69 个，分别占全市幅员面积的 11.1%、5.8%和 2.3%。

五是加强农村环境保护。开展了畜禽养殖区域划分、畜禽养殖污染综合治理以及土壤污染现状调查和污染治理示范。实施生态家园富民工程和农村小康环保行动，开展高毒、高残留农药专项整治，推广测土配方施肥 78.27 万公顷，农村户用沼气池累计达到 82 万座。

六是加强石漠化治理和生态移民。编制了《重庆市岩溶地区石漠化综合治理工程规划（2006—2020 年）》，依托封山育林、退耕还林等措施，开展石漠化治理。以三峡移民搬迁和扶贫开发为工作重点，实施库区生态移民，逐步缓解生态脆弱区的环境压力。

（四）主要污染物总量减排取得突破性进展

按照国家统一部署，加大减排工作力度。一是落实组织领导。市政府成立了节能减排领导小组，设立了减排办，各区县（自治县）政府和市级相关部门成立了相应的工作机构，加强对总量减排工作的组织领导。二是落实工作方案。编制了总量减排实施方案，制定了“十一五”期间和年度减排计划，将减排任务落实到年度、区县和单位。三是落实工作措施。市政府印发了总量控制管理办法，初步建立了总量减排统计、监测和考核三大体系；建立了总量减排的计划管理、工作调度、部门协调、通报预警、督查督办等制度；加强了对重点减排地区、行业和单位的督查和指导，将总量减排与领导干部政绩考核结合起来，对没有完成减排任务的区县（自治县）政府、市级部门和有关单位主要负责人，实行问责制；对没有完成减排任务的区县和行业，实行区域和行业限批。

2007 年以来，重庆市连续实现二氧化硫、化学需氧量两项污染物排放指标双下降。2010 年底，重庆市化学需氧量和二氧化硫分别减排 2.22%和 3.57%，超额完成了 1.5%和 3.0%的年度减排目标任务。“十一五”期间的化学需氧量和二氧化硫分别减排 12.82%和 14.04%，超额完成了 11.2%和 11.9%的五年目标任务，超额完成率分别为 15%和 18%，超额完成率名列西南地区第一，西部地区第二。

四、严格环境准入，促进经济增长方式转变

充分发挥环境影响评价在宏观调控中的重要作用，开展了规划环评及建设项目环境影响后评价试点。制定了《工业项目环境准入规定》，严格实行产业分区准入制度。制定了锶盐工业污染物排放标准和火电、水泥行业大气污染物排放地方标准，督促企业加强污染治理，削减污染物排放总量。加大结构调整力度，淘汰落后产能，对主城区纳入五批搬迁计划的 165 户有环境污染和环境安全隐患的工业企业已搬迁 113 户。

搬迁企业平均年销售收入由搬迁前的 1.2 亿元增加到 2.2 亿元，增长 88%；平均万元产值能耗由 1.62 吨标准煤下降到 0.58 吨标准煤，下降 64%，实现了“搬大、搬强、搬活、搬优，消除污染和安全隐患”的目标。通过环保搬迁，一是推进了产业结构优化调整和升级换代。在搬迁过程中通过加强环境影响评价和采用先进的生产技术，推进工业企业进入园区，实行污染集中防控和发展循环经济，促进了工业企业整合改造、合理布局和产业结构升级。二是促进了主城区环境质量改善。通过实施主城污染企业环保搬迁，每年约减少燃煤 60 万吨、减少二氧化硫排放约 3.5 万吨、烟尘约 1.5 万吨、粉尘约 1 000 吨、化学需氧量约 6 500 吨、重金属约 3 吨，减少固体废物排放约 3 万吨。主城区空气质量大幅改善，空气质量满足优良天数由 2000 年的 187 天上升到 2009 年的 303 天，增幅达 62%。空气中二氧化硫、可吸入颗粒物、二氧化氮的浓度比 2000 年分别下降 66%、39.7%和 22.9%，二氧化硫达到国家Ⅱ级标准。长江、嘉陵江和乌江重庆段水质稳定满足Ⅲ类水质标准，全市集中式饮用水水源地水质全部满足水域功能要求。三是企业普遍做到了搬大搬强。搬迁企业通过实施清洁生产和应用现代环保科技，不仅污染得到控制，生产效益和竞争力也得到增强。如重庆电池总厂搬迁至渝北区空港工业园区后，厂区扩大 2.67 公顷，新增生产设备 41 台（套），采用了国内领先的无汞糊式电池生产工艺，生产效率翻一倍，生产定员减一半，全部使用清洁能源，黑色粉尘不外排，废水治理后达标排放。说到环保搬迁，就不得不提重庆钢铁（集团）的环保搬迁，具有重要的里程碑意义。重钢集团是特大型钢铁联合企业。“八五”以来，通过不断加强技术改造和污染治理，重钢污染物排放得到大幅度削减，环境保护状况有了很大改善。但由于历史欠账较多，重钢排污量仍占主城区工业污染排放负荷的 15%～20%，是主城区的排污大户。加之重钢地处重庆主城区，影响了企业自身的可持续发展，对城市发展也存在严重的制约。为此，重庆市政府于 2007 年启动重钢集团环保搬迁工作。重钢环保搬迁遵循了清洁生产和循环经济的理念，执行严格的环境影响评价和建设项目环保“三同时”制度，最大限度提高资源能源利用，减少污染排放，形成低投入、低消耗、低排放和高效率的生产方式。重钢环保搬迁实现了经济效益、社会效益和环境效益的多赢。一是消除了重庆主城区的一个主要工业污染源，促进主城区环境质量进一步改善。以 2009 年来看，重钢二氧化硫、化学需氧量、烟粉尘排放量分别占主城区工业污染排放总量的 15%、2.6%和 23%。重钢搬迁后，主城区每年可减少二氧化硫排放 1.5 万吨，减少粉烟尘排放 1.09 万吨。大气扩散数值模拟结果显示，2009 年重钢二氧化硫排放对主城区环境二氧化硫年日均浓度的贡献为 0.002 6～0.004 2 毫克/米^3，占主城区 2009 年环境空气中二氧化硫年日均浓度的 5%～8%。也就是说，重钢搬迁后，主城区环境二氧化硫浓度将在 2009 年的基础上下降 5%～8%，降至 0.049～0.050 毫克/米^3，有利于保持主城区空气环境质量二氧化硫稳定达到国家Ⅱ级标准。同时，随着粉烟尘的减少，可吸入颗粒物（PM_{10}）浓度也将进一步下降。二是实现了核心工艺、核心技术的升级换代，促进了产业布局和结构调整，实现了产能翻番，产能将达到 630 万吨，销售额将达到 400 多亿元。三是采用大量的环保新工艺、新技术，新厂污染物排放将大幅削减。重钢环保搬迁完成后，新厂二氧化硫将在原来基础上削减 60%（约 7 000 吨/年），化学需氧量削减 92%（约 600 吨/年），烟粉尘削减 65%（约 7 000 吨/年）。

五、加强环保法治建设，确保重庆市环境安全

（一）强化环境立法，进一步完善地方环保法律法规体系

相继颁布实施了《重庆市环境保护条例》和《重庆市长江三峡库区流域水污染防治条例》等 16 部地方环保法规、规章或规范性文件，细化了环保法律和行政法规规定的各项制度，为强化环境监管和查处环境违法行为奠定了坚实的基础。特别是 2007 年修订实施的《重庆市环境

保护条例》，在全国率先实施了“按日计罚”、“加倍处罚”和处罚企业负责人等措施，对打击和震慑环境违法行为，解决“违法成本低、守法成本高”等问题产生了积极作用。

（二）强化环境执法，违法行为高发势头得到遏制

加大环境执法力度，深入开展严查环境违法行为保障群众健康专项行动，严厉打击各类环境违法行为，及时掌握可能引发不稳定的环境因素，及早进行沟通、防范、化解和处置工作，把矛盾和纠纷消灭在萌芽状态。将环保执法工作纳入重庆市党风廉政责任制体系，制定了《环境执法导则》，推行人性化执法。建立健全了排污许可证管理、行政执法责任制等一系列制度，连续开展“整治违法排污企业，保障群众健康”环保专项行动，积极推进司法介入，有效地打击了各类环境违法行为。截至 2009 年重庆市共出动环保执法人员 15 多万人次，检查企业 5 万多家，对 9 000 多家违法排污企业进行了行政处罚（其中关闭取缔 600 多家，停产治理 300 多家）。

（三）强化风险防范，环境安全防范体系基本建立

制定了《重庆市重特大环境污染和生态破坏事故灾难应急预案》和《重庆市三峡库区流域突发环境污染事件应急专项预案》等规章制度，健全了环境应急联动机制，形成了市、区县和企业三级环境安全防范网络，完善了监控、预警、应急和善后体系。2002 年以来，先后妥善处理了开县“12・23”井喷、天原化工厂氯气泄漏爆炸、垫江县英特化工爆炸事故等 80 多起环境污染事故，有效化解了环境风险，保障了人民群众生命财产安全。特别是四川汶川地震抗震救灾中，市区两级环境监察、监测等应急人员迅速到位，深入一线开展环境应急处置与检测工作，为抗震救灾工作提供了良好的支撑，受到环保部通报表扬。

六、能力建设不断增强，服务发展的水平与能力显著提升

（一）环保队伍不断壮大

截至目前，市环保局先后成立了市环境监测中心、市辐射环境监督管理站、市固体废物管理中心、“12369”环保举报受理中心、市环境工程评估中心和机动车排气污染管理中心等下属事业单位，市环境监察总队升格为副厅局级单位。重庆市 40 个区县（自治县）均设有一级局建制的环保局，100 个乡镇设立了环保机构或专（兼）职环保员，重庆市形成了市、区县（自治县）、乡镇三级环境管理网络体系。

（二）环保干部队伍的整体素质不断提高，凝聚力、执行力不断增强

近年来，市环保局在政府目标考核中均名列前茅，被评为“全国环保系统先进集体”，被市委、市政府命名为“市级文明单位标兵单位”，多次受到国家和市委、市政府表彰。市环境监察总队连续两届被评为“重庆市十佳行政执法机构”，“12369”环保举报受理中心被团中央评选为“全国青年文明号”。

第二节　污染防治对策措施

近年来，重庆市认真贯彻执行党中央、国务院和环保部关于环境保护的决策部署，全面落实科学发展观，坚持以环境保护服务和优化经济发展，以“四大行动”改善环境质量，以节能减排促进经济结构调整，不断完善工作机制，加大环护投入，积极推进“五个重庆”建设，圆满完成各项环境保护目标任务。重庆污染防治工作从某些单项工作逐步系统全面展开，围绕大气、水环境、噪声等环境质量改善，着力解决群众

反映强烈的突出环境问题，推进开展了一系列工程和管理措施。

一、强力推进“蓝天行动”，改善主城区大气环境质量

（一）多管齐下控制扬尘污染

重庆市“蓝天行动”督查组发布空气质量预警；市级九部门横向联手，与主城各区纵向联动，两次开展联合执法“百日行动”，对污染源进行挂牌督办，依法立案查处施工工地及违规运渣车辆。在重点工地和道路安装远程电子监控扬尘设施，购置多功能道路冲洗洒水车，安装全自动冲洗机，建设江北国际机场航站楼等扬尘控制示范工地等，依靠科技手段控制扬尘污染取得了积极成效。制定了空气质量保障方案，实施“蓝天行动”人工增雨作业并初见成效。

（二）积极控制燃煤及粉烟尘污染

完成污染企业搬迁。市政府启动了主城区第二阶段清洁能源改造工程。主城区以外区县城区全部建成烟尘控制区，累计建成烟尘控制区面积 397 平方千米，平均覆盖率达 70%以上。

（三）积极深化机动车排气污染防治

对主城外的 24 家机动车安全技术检验机构开展了机动车排气污染物检测资质委托工作，全面开展主城区 8 家简易工况法场站建设。

二、深入推进“碧水行动”，保护和改善水环境质量

（一）狠抓难点，全力推进次级河流综合整治

重庆市政府印发了加快推进次级河流综合整治工作的意见和考核暂行办法，实行“部门牵头负责制”、次级河流污染整治项目和水质改

善的“双目标”考核制度，初步建立了次级河流污染综合整治会议协调、项目调度、监督考核和信息报送等综合整治协调推进机制。

（二）突出重点，切实加强饮用水源保护

实施了饮用水源安全隐患大排查，完成了重庆市乡镇集中式饮用水水源地调查评估工作，督促长寿区妥善解决了饮用水源隐患问题。投入2亿多元，取缔三峡库区库湾和河道网箱1.5万个，有力保障了饮用水源安全。开展了农村饮水安全项目建设，新建农村饮水工程1.4万处，解决了135万农村居民饮用水安全问题。

（三）防控并举，切实加强环境基础设施建设

建成40座城市污水处理厂和20座小城镇污水处理项目，建成26座城市垃圾处理场和16座小城镇垃圾处理项目，全市城市污水集中处理率和垃圾无害化处理率分别为68%和72%。

三、大力实施“绿地行动”，加强生态环境保护与建设

（一）着力加强生态环境保护

编制了《重庆市生态质量监测评估指标体系（试行）》，开展了40个区县生态质量评估。切实加强生物多样性保护和生物安全管理。完成了长江上游生态屏障生物多样性保护和物种资源评估示范。启动了欧盟项目之重庆特有、濒危物种生境调查。完成重庆市生物物种资源调查和编目，编制了《重庆市生物物种资源保护和利用规划》，开发了重庆市生物物种资源库，实现了重庆市生物物种资源及保护利用信息的公有共享。编制了《重庆市生物多样性保护策略和行动计划》。渝北区和大足县国家生态区、生态县建设积极推进。启动了市级生态区县创建工作。保质保量完成重庆市土壤污染调查工作。继续实施北碚、永川土壤污染

修复整治工程，在重庆开展全国土壤环境监管试点。

（二）积极推进生态建设与恢复

以建设“森林重庆”和“宜居重庆”为契机，加快生态建设。全市造林 23.3 万公顷，管护天然林 238.8 万公顷，完成速丰林基地建设 6.7 万公顷，完成库区生态屏障森林建设 2.7 万公顷。全市森林覆盖率达到 35%。完成“创建国家园林城市”国家验收，建成鸿恩寺、龙头寺等城市公园 10 个，社区公园 40 个，新增城市生态林 100 万平方米、城市绿地 300 万平方米。开展了消落区示范项目建设、植被构建、生态修复和安全评估。在三峡库区选择了 3 个点开展消落区生态恢复示范。完成万盛区东林煤矿、南桐煤矿和北碚区天府煤矿等 5 个矿山治理项目。生态移民和易地扶贫搬迁完成 5.62 万人。完成石漠化治理 6 万公顷，全年治理水土流失面积 4 632.8 平方千米。实施生态家园富民工程及生态示范村建设，完成 10 个生态示范村建设和 5.954 万户移民的“一池六改”任务。

四、扎实推进“宁静行动”，防止噪声污染扰民

一是开展主城区七部门联合执法百日行动，对机动车违章鸣笛扰民发出环境违法行为告知书并实行处罚。

二是开展中考、普通高考和成人高考期间的环境噪声专项整治，保障了考生的学习和休息环境。

三是积极推进文化娱乐噪声整治。重庆市累计建成环境噪声达标区 565 平方千米，各区县区域环境噪声平均值为 54 分贝，道路交通噪声平均值为 66.8 分贝。重庆市建成市级安静居住小区 25 个，累计建成 72 个。

五、强化环境风险防范，维护重庆市环境安全

（一）加强环境应急指挥和现场处置能力

建立健全了市、区县和企业三级环境安全防范网络、应急处置和善后体系，强化了环境预案管理和应急演练工作，有效整合了“12369”投诉平台、应急指挥平台和污染源在线监控平台，环境应急指挥和现场处置能力得到加强。

（二）加强区域合作

与西北五省区和山西、内蒙古、河南、湖北和四川等十省（市、区）环保厅（局）签订了共同应对区域环境污染及突发事件框架协议，形成区域环境应急联防联控工作机制。

（三）开展了重点企业、重点行业的环境安全检查

对重庆市煤矿及非煤矿山、医药化工、危险化学品等重点行业的3 724家企业（其中重点污染防范企业1 780余家）的环境安全隐患进行了深入排查，对排查出的环境安全隐患责令立即整治。

（四）持续开展危险化学品调查和突发环境事件应急预案备案工作

万州、涪陵、沙坪坝和长寿等30个区县环保局与辖区内的重点危险化学品单位开展了联合环境应急处置演练，进一步提高重庆市危化品突发环境事件应急处置的能力。

（五）积极推进污染场地修复

对重庆圣华曦药业有限公司等40家污染搬迁企业开展了原址场地环境风险定性评估工作，对重庆西南合成制药股份有限公司等3家企业

实施了原址场地环境污染定量评估。开展了城区污染场地土壤环境质量评价方法与指标体系及治理修复技术等基础研究和应用研究。启动了全国最大的持久性有机污染物类型的重庆天原化工总厂原址污染场地治理修复项目。开展高风险企业对场地土壤和地下水污染预警及防控体系建设试点。

第三节　污染物削减措施

重庆市全力推进主要污染物总量减排。在继续实施二氧化硫和化学需氧量总量减排的基础上，进一步将氮氧化物和氨氮纳入总量减排范畴，把污染减排作为调整经济结构、转变发展方式的重要抓手，构建从资源能源生产、消费、污染物产生到排放的全过程减排机制，抓好区域限批、流域限批，形成“倒逼机制”，按照“强化结构减排、推进管理减排、延续工程减排”的思路，完善节能减排三大体系建设，继续推进管网建设、污水处理厂建设与升级改造、燃煤电厂烟气脱硝工程及工业企业深度治理；着力加强污水处理厂运营和工业企业污染治理设施运行监管，全面启动燃煤电厂烟气脱硝和机动车排气污染防治；加快淘汰落后产能和污染严重的工业企业，及时修订重庆市产业结构调整指导目录，综合运用经济、法律和必要的行政手段，淘汰不符合有关法律法规规定和国家产业政策、严重浪费资源、污染环境、不具备安全生产条件的工艺技术、装备和产品，重点抓好火电、水泥、造纸等行业落后产能和低端产能淘汰；建立完善重污染企业退出机制和政策，继续大力实施中心城区污染企业环保搬迁和“退城进园”战略。

统筹部署全市总量减排战略任务。根据各地区现状治理水平、环境质量现状、经济发展水平、污染密集型产业比重、污染排放强度、环境容量等因素，科学分解各区县化学需氧量、二氧化硫、氮氧化物和氨氮等四项主要污染物的总量减排目标，着力抓好重点流域、区域、行业的主要污染物总量减排工作，促进全市产业结构和布局进一步优化，并逐步建立起高效的环境治理体系。主要的污染物削减措施有：

一、严格实施环境准入制度，有效控制新增污染物排放量

严格实施工业项目环境准入规定，新建、改建、扩建项目严格执行环境影响评价和“三同时”制度、项目环境准入和“区域限批”制度、新建项目总量指标审批制度。对 2008 年总量减排任务未完成的长寿区和潼南县实施区域限批，并督促整改，取得了实效。

二、加强通报预警和调度督办，推进减排项目实施

出台了主要污染物总量减排预警制度，完善了督查督办和调度制度，建立了市级部门总量减排协调机制，市环保局与市统计局签订了总量减排工作备忘录。对重庆市 250 余个减排项目进行了现场督查，对各区县（自治县）和市级相关部门总量减排机制不健全、减排项目进度滞后、设施运行不正常等进行预警和通报，提出整改要求，及时解决了减排工作中出现的问题，保证了重点减排项目的推进。

三、强化三大措施减排，削减污染物存量

磨心坡电厂、川维厂、华能集团重庆珞璜电厂二期等锅炉完成脱硫设施改造，秀山、酉阳、茶园等 6 个城市污水处理厂建成投运，建成一批小城镇污水处理厂和工业废水治理设施，主城完成三级管网 100 千米建设任务。开县开州电厂 10 万千瓦、东胜电力公司 4[#]、5[#]、6[#]等火电机组已停运，关停小水泥产能 145 万吨。完成 203 家重点企业自动监控系统建设，并与环保部门联网，涵盖了市内污水处理厂、造纸、化工、水泥、电厂等重点水污染行业和二氧化硫排放企业。

第二章　大气污染防治

近年来，为进一步改善空气质量，加强大气污染防治工作，重庆市采取多管齐下控制扬尘污染、煤及粉烟尘污染、深化机动车排气污染防治，深入开展重点行业专项整治，使得大气污染防治取得明显成效。2009 年，主城区空气质量满足优良天数为 303 天，较 2008 年增加 6 天，提前 23 天完成重庆市政府年度目标任务，为 2000 年开展空气质量日报以来历史最好水平，各主要污染物浓度均比 2008 年有所下降。

一是实施燃煤火电机组烟气脱硫工程。重庆市华能珞璜电厂、重庆发电厂和中电投九龙电厂等 568 万千瓦主力燃煤火电厂全部实施石灰石—石膏湿法高效烟气脱硫，在全国率先完成对所有现役 20 万千瓦以上火电机组烟气脱硫治理，每年削减二氧化硫排放 30 万吨。现役和新增火电企业一律同步建成高效烟气脱硫设施和污染源在线监测系统。明确规定每天报告排放浓度和排放量，对超浓度和超总量排放二氧化硫的机组，扣减上网脱硫电价并实施处罚。其中，重庆九龙发电分公司 1#机组为“八五”计划重庆发电厂原 8×12 兆瓦机组实施“以大代小”技改工程建成，装机 1×200 兆瓦，1996 年 1 月投产发电，采用 DCS 控制，属重庆电网的主力调功电厂。该厂设计使用年限已过半，截至 2009 年 2 月 5 日，共发电 1 127 亿千瓦时。该厂在机组建设时就配套安装了静电除尘器，并于 2006 年由远达环保公司建设了湿法脱硫设施，脱硫装置运行时处理 100%的锅炉烟气，设计燃煤含硫率 3.4%，设计处理烟气量

80000 毫克/米^3（标准状况），设计入口烟气二氧化硫浓度 8200 毫克/米^3（标准状况），设计出口二氧化硫含量小于 410 毫克/米^3（标准状况），设计脱硫率 95%。九龙发电分公司 1×220 兆瓦机组烟气脱硫技改建设项目总投资 1.89 亿元人民币，2006 年 10 月投入运营。重庆电煤属于高硫煤区，该公司燃煤含硫率高于设计值，在电煤含硫率比市内其他电厂高的情况下，脱硫装置脱硫率达 90%以上，年减排二氧化硫超过 3 万吨。

二是强化钢铁、化工等行业重点污染源废气污染治理。对重庆钢铁股份有限公司、碱胺实业有限公司、长寿化工有限公司和西南合成制药有限公司等 37 家重点工业企业废气污染源进行了限期治理，对主城区现有 26 台大于 20 蒸吨/时的燃煤锅炉实施烟气治理，减少排放二氧化硫 1300 吨，烟尘 3200 吨。

三是实施水泥生产企业大气污染整治。对全市 174 家水泥生产企业进行大气污染整治，严格主城区范围内水泥生产企业烟粉尘排放标准。对不符合产业政策规定或经治理达不到排放标准要求的 17 家水泥生产企业 48 条生产线实施了关停。

四是彻底整治碳酸锶行业污染。首次对铜梁县和大足县启动了区域限批，对现有 6 家碳酸锶生产企业依法实施了停产治理，对治理达不到环保要求的碳酸锶生产企业依法实施了关停，有效地解决了突出环境问题。碳酸锶整治过程中，铜梁县辖区内的重庆庆龙精细锶盐化工有限公司和大足县辖区内的重庆大足红蝶锶业有限责任公司淘汰了污染严重的工艺和设备，完善了环保设施，加强了环境管理，做到污染物达标排放。庆龙锶盐公司取缔了 2 台 4 吨/时燃煤锅炉，大足红蝶公司关闭了龙水分厂一条 2 万吨的碳酸锶生产线；将硫化氢转化为单质硫的克劳斯系统由二级转化改成三级转化，提高了硫回收率，减少了硫化氢和二氧化硫排放量，同时配套建设了余热锅炉，提高了热效率；庆龙锶盐公司还新建了煤气发生炉，对转化后的硫化氢尾气进行焚烧处理，减少了硫化氢排放量；对排污管网进行了改造，基本实现了雨污分流，工艺废水基本实现了闭路循环，完成了旋窑、矿粉仓等除尘设施改造工程，新建了旋窑烟气脱硫设施，其中庆龙锶盐公司新增了硫化氢尾气焚烧、涡轮增压湍流除尘处理和碱洗处理装置，脱硫溶液经中和结晶后生成副产品亚硫酸钠；大足红蝶公司旋窑车间新建了两级石灰乳喷淋塔、涡轮增压湍流脱硫塔和脱硫填料吸收塔，对旋窑烟气和硫化氢尾气进行处理；对渣场进行了防渗处理，新增了渗滤液收集池和回用系统，渗滤液全部实现了回用；按要求安装了废气、废水在线监测和废水视频监控装置，并在重点设备和重点区域等点位安装了硫化氢报警装置。此外，两家企业还进一步建立了相应的环境管理制度，完善了各岗位工作责任制、操作规程、奖惩制度、污染事故应急制度，明确了生产岗位环保责任。

第一节　烟、粉尘污染防治

完成污染企业搬迁 25 户。启动了主城区第二阶段清洁能源改造工程，完成 538 台燃煤设施清洁能源改造，削减燃煤 35 万吨，减排二氧化硫 2.1 万吨。主城区以外区县城区全部建成烟尘控制区，累计建成烟尘控制区面积 397 平方千米，平均覆盖率达 70%以上。

一、大力实施污染企业环保搬迁，促进了产业结构调整和节能减排

“蓝天行动”原计划 12 户污染企业实施环保搬迁，目前实际搬迁了 24 户污染企业。重庆嘉陵化工公司、重庆电池总厂、重庆新华化工厂、重庆天原化工总厂、重庆西南制药二厂、重庆药友制药公司等 34 户污染企业实施搬迁，长安集团、嘉陵集团、建设工业集团、重庆啤酒有限公司等企业也即将全面搬迁。通过实施“蓝天行动”计划，进行了经济结构调整，促进了企业优化升级，使搬迁企业生产周期延长，促进了企业节能减排。搬迁企业坚持“搬大、搬强、消除污染”和“进入工业园

区”的原则，采用先进工艺和技术，实现污染源在线监测和污染物集中控制。通过环保搬迁，重庆电池总厂实现工艺革新和污染物达标排放，成为重庆市首批环境友好企业。

二、严格企业准入标准，有效控制新污染源

修订完善重庆市工业项目环境准入规定，研究实施重污染行业统一定点、统一规划；建立和完善电镀、电力、冶金、化工、医药、印染、农副食品加工、建材等重点行业环境准入标准，严格控制这些行业的污染项目建设，上述行业的新建项目原则上应进入环保基础设施较为完善的工业园区或工业集中区并实行污染集中控制。工业园区或工业集中区要严格按相关规划和产业定位要求引进工业项目，避免因盲目引资造成工业门类混杂、产业交叉污染。主城区一律禁止新建冶金、钢铁、炼焦、火电、水泥、电解铝、化工等环境风险等级较高的工业企业，在长江、嘉陵江的主城区江段及其上游区域，严格限制沿江河建设可能对饮用水源带来安全隐患的化工、造纸、印染、电镀等工业项目，禁止建设可能排放剧毒物质和持久性有机污染物的工业项目，主城区上风向地区严格限制建设可能对主城区空气质量达标造成较大影响的大型燃煤工业项目；渝西地区以解决功能性缺水为重点，渝东北地区以保护三峡库区水环境安全、敏感水域水质为主，要重点控制耗水量大、水污染物排放强度高、对饮用水源造成安全隐患的工业企业进入；渝东南地区以强化生态建设和保护为重点，要严格限制对生态破坏较大的工业项目进入。强化新建项目的清洁生产，主城区和重点流域新建工业项目的清洁生产水平应达到国家清洁生产标准的国内先进水平。

坚持“疏”“堵”结合，实行分类审批，严把建设项目环评关。对符合产业政策和环保准入要求，有利于保民生、促转型的项目，加快环评审批进度；对已开展规划环评的项目，适当简化环评程序；对简单低水平重复建设、“两高一资”和产能过剩项目从严把关。进一步深化“批

项目、核总量”制度，把流域、区域污染物排放总量指标作为审批项目环评的前置条件，对新增污染物排放项目实施严格的总量前置审核，以深入推进规划环评为抓手，建立和完善重庆环境与发展综合决策机制。加快建立规划环评的齐抓共管机制，积极推动建立与发改、规划、国土、交通、水利等部门的联动机制，推进规划环评早期介入，与规划编制互动。充分发挥规划环评的作用，以总量控制和质量改善为导向，根据区域环境承载力和行业排污水平，确定产业布局和重点发展方向，促进全市生产力的合理布局、资源的优化配置及产业结构的优化升级。完善规划环评与项目环评联动机制，未进行环境影响评价的规划所包含的建设项目，不予受理其环境影响评价文件；将区域规划环评作为受理审批区域内高耗能高污染项目环评文件的前提，对钢铁、水泥、平板玻璃、多晶硅、煤化工等产能过剩、重复建设行业以及流域开发、开发区建设，凡未依法开展规划环评的，建设项目环评文件一律不予受理。强化环保验收管理。坚持关口前移，针对重点行业、敏感区域和敏感问题，集中力量抓好重点项目验收的环境监管。积极推进施工期环境监理，建立健全环保验收全过程管理制度。

积极对接国家产业振兴规划和新兴产业规划，推动西部现代产业高地建设，特别突出发展高新技术产业和现代服务业，加快农业现代化进程。大力培育电子信息产业、汽车摩托车、装备制造、天然气石油化工、新材料、能源工业和轻纺劳动密集型产业等“6+1”工业支柱产业，重点推进新能源汽车、环保设备、轨道交通设备、生物医药、风电装备、笔记本电脑、计算机芯片、软件及信息服务外包等战略新兴产业，着力发展现代物流、科技研发、金融保险、软件信息、中介会展、文化传媒等生产性服务业，加快发展商贸、旅游休闲等生活性服务业。

三、大力推行清洁生产，加强现有污染源治理

进一步贯彻落实《中华人民共和国清洁生产促进法》，加快清洁生

产技术创新研发和推广运用，完善清洁生产的技术标准体系和审核技术指南，依法推进清洁生产。建立生产者责任延伸制度，引导企业广泛采用清洁生产技术进行产品设计，按照绿色产品的要求加快升级换代，实现产品生命周期全过程的资源利用和生态影响最小化。

全面推进清洁生产审核。严格落实环境保护部《关于进一步加强重点企业清洁生产审核工作的通知》要求，完善促进清洁生产审核的有关政策，制定重点企业清洁生产审核年度计划，全面完成全市《重点企业清洁生产行业分类管理名录》所列全部重点行业企业的清洁生产审核和评估验收。进一步深化火电、冶金、建材、医药、食品、造纸、化工等重污染行业的清洁生产审核工作，依法对污染物排放超过国家、地方标准和排放铅、汞、镉、铬、类金属砷等重金属污染企业以及其他使用有毒、有害原料进行生产或者在生产中排放有毒、有害物质企业实施强制性清洁生产审核，全面提高制造业清洁生产水平，建设国家先进制造业基地。加大对企业实施清洁生产的财政支持力度，对传统产业进行改造升级，通过清洁生产审核评估的企业，其清洁生产审核费用、实施清洁生产方案费用优先享受市、区政府固定资产投资、技改资金、清洁生产专项资金、污染减排专项资金和环保专项资金的支持。

重庆九龙电厂1×200兆瓦机组烟气脱硫设施投入运行。通过电煤调配和电力调度，基本保障了精煤、洗煤、优质煤优先供应主城区，做到了脱硫设施与主机的同步运行。新建机组，也基本做到脱硫设施与在线监测装置同步投运。

四、巩固和扩大“基本无煤区”，开展“无煤社区（街道）”建设

继续推进燃煤设施清洁能源改造工程。主城九区应结合国家模范城市创建工作，修订并落实《重庆市主城区燃煤设施清洁能源改造实施方案》，合理调配天然气和电力资源，加大力度推进现有燃煤设施的改造，

力争在2012年前全面完成20蒸吨/时以下燃煤工业锅炉、小窑炉、大灶及茶水炉的清洁能源改造；完成渝中区等区整体建成无煤区，其余主城各区建成区的建成街道建成无煤街道，其余镇街全部建成基本无煤区。远郊区县城镇地区应结合城镇发展规划和天然气管网建设规划，制定分阶段燃煤设施清洁能源改造方案，在有燃气管网的街道（镇），对餐饮业和食堂炉灶、茶水炉、小窑炉、大灶以及10蒸吨/时以下燃煤工业锅炉等实施清洁能源改造。

严格限制高硫煤使用。全面实施煤炭质量例行监测，严控高硫煤和劣质煤入渝，加强对煤炭开采、运输和使用环节的煤质监控并定期公布。以火电、冶金、水泥等主要耗煤行业为监控重点，严格限制高硫煤的使用；大力推进低硫、低灰分配煤中心建设，确保优质电煤的供应，主城区及其周边区县的主力燃煤电厂必须储备足量的洗煤、精煤和低硫煤，确保冬春季节和重污染时段储备和使用的低硫煤。

五、推进其他行业燃煤锅炉废气污染治理

在大力实施燃煤锅炉清洁能源改造的基础上，研究制订重庆市燃煤锅炉地方排放标准，推动燃煤锅炉实施废气深度治理。主城区禁止新建20蒸吨/时以下燃煤工业锅炉，从严控制新建20蒸吨/时及以上燃煤锅炉，力争2012年全面淘汰主城区20蒸吨/时以下燃煤锅炉，完成20蒸吨/时及以上燃煤锅炉脱硫设施改造和在线监测设备的安装运行，2015年前完成20蒸吨/时及以上燃煤锅炉低氮燃烧改造；加快推进郊区县10蒸吨/时以上燃煤锅炉实施废气深度治理，大力削减主要废气污染物排放量。进一步强化燃煤锅炉废气排放监管，锅炉总出力在10蒸吨/时及以上的燃煤企业，必须安装烟气在线自动监测装置，与环保部门联网，并保证其正常运行。结合工业园区化发展战略，大力推动实施集中供热，促进中小燃煤锅炉的淘汰。

六、城市餐饮油烟污染治理

合理规划饮食服务业布局，中心城区饮食服务业应逐步实现统一规划、统一定点，并使用天然气、电等清洁能源；加强对饮食服务业的规划控制，禁止在不含商业裙楼的住宅楼、未设立配套规划专用烟道的商住综合楼、商住综合楼内与居住层相邻的楼层、与周边住宅楼距离过近的场所新建、扩建、改建产生油烟、废气、恶臭或者其他损害人体健康的气味的饮食服务项目；加紧对上述场所已建成的扰民饮食服务项目的限期整改，对逾期未完成整改或整改无效的，限期关闭或者搬迁。

加强对饮食服务业的监督管理。禁止在公共场所露天经营烧烤等产生油烟、废气的饮食服务项目。城市市区内现有排放油烟的餐饮企业和单位食堂必须安装油烟净化设备，并建立油烟治理设施运行维护制度，按要求定期对油烟净化装置进行清洗，确保油烟达标排放。油烟排气筒朝向和高度应避开易受影响的建筑物。

第二节　机动车尾气控制

一、重庆市机动车排气污染现状

随着经济的高速发展，汽车逐步进入家庭，重庆市机动车拥有量每年以 17%以上的增幅快速递增。目前，重庆市机动车保有量达 140 万辆，主城九区机动车保有量约 50 万辆（其中汽车超过 40 万辆）。由于主城区山路、坡路和桥梁、隧道较多，主干道车辆分流能力弱，车辆怠速行驶情况多等，导致机动车尾气污染物排放量增大，且扩散条件差。

据监测，重庆市主城区主干道两侧空气中 85.5%的一氧化碳、36.6%的碳氢化合物、86.3%的氮氧化合物来自机动车排放。长期监测结果表明，主城区空气中二氧化氮浓度呈逐年上升趋势，由 2002 年的

0.038 毫克/米^3 上升至 2006 年的 0.047 毫克/米^3（高于机动车保有量多余重庆市的成都、上海等城市），升幅为 23.7%。主城区空气中二氧化氮浓度的上升，与主城区机动车保有量的持续大幅增加关系密切。据 2006 年重庆主城大气尘源（PM_{10}）解析研究报告得知，机动车尾气对尘污染贡献值为 37.17 微克/米^3，分担率达到 15.11%，位居 PM_{10} 污染分担率的第 4 位。可见，机动车排气污染已经成为影响城市环境质量的重要因素。

二、重庆市机动车排气污染控制采取的主要措施

（一）大力推广清洁燃料

近年来，重庆全市累计推广天然气车 4.4 万辆，建成天然气加气站 64 座，主城 95%以上的出租车和 92%的公交大客车已改用天然气。天然气汽车保有量 40 484 辆（其中主城区 30 241 辆，其他区县 10 243 辆）。2006 年全市天然气汽车售气量为 3.4 亿立方米，替代燃油约 22 万吨。

（二）客运柴油中巴车退出主城区

客运柴油车由于营运频率高和柴油品质不高等原因，长期冒黑烟影响城市环境和城市形象，重庆市从 2002 年起有计划地实施客运柴油车退出主城区行驶工作，市政府出台优惠政策，要求客运柴油车全部置换成 CNG（压缩天然气，下同）大客车或 CNG 出租车。2004 年底，主城区 1 800 辆 19 座及以下的客运柴油中巴车退出主城区行驶。2005 年底，主城区余下的 615 辆 20～25 座的客运柴油车也退出了主城区。至此，重庆市客运柴油车全部退出主城区，中巴车冒黑烟影响市容环境和空气质量的问题得到彻底解决，而且在目前油价下，使用 CNG 车可节省约 60%的燃料费用，实现了环保效益和经济效益的“双赢”。

（三）加强了机动车排气路检工作

为深化机动车排气污染防治的延伸管理，重庆市强化了机动车排气路检工作。对主城区外的 24 家机动车安全技术检验机构开展了机动车排气污染物检测资质委托工作，全面开展主城区 8 家简易工况法场站建设；编制了机动车环保标志管理方案；加强了对在用机动车排气的路检路查工作，主城区 6 个路检点共检测机动车 5.3 万余辆；机动车尾气遥测 6 万余辆；查处冒黑烟车 1 000 余辆。对路检排气超标的机动车发放《重庆市在用机动车排气超标限期治理单》，由车主自主选择有资质的机动车维修企业进行治理达到国家标准，同时交警部门可以对排气超标车辆进行处罚。对主城区城市外环交通干线以内的区域和两路镇城区、鱼洞镇城区、北碚城区以及 210 国道童家院子至双凤桥路段、212 国道北碚至沙坪坝路段内通过目测发现行驶的机动车排放黑烟尾气的，严格执法，并责令驾驶员立即采取措施消除黑烟污染。

三、重庆市为继续强化机动车排气污染控制应采取的工作措施

（一）加强新车排放管理

加大对新车生产过程中的生产一致性验证、型式核准等工作的监管力度，尤其是要提高重庆自主品牌车辆排放控制水平，加强质量把关；对进入重庆境内的新机动车加强商品监督，不定期进行检查，确保新车持续满足国家各阶段排放标准要求（2011 年全面实施国家第四阶段机动车排放标准）。生产的新机动车排放污染物超过国家和重庆排放标准的，不得在重庆销售、使用。销售的新机动车必须附有生产厂家提供的符合国家环保达标车型名录或国家认可的污染物排放合格证明材料。新增的出租车、公交车继续遵守“必须使用清洁能源，并要求达到燃油新车的

同期排放标准，否则不予登记入籍”的规定。

（二）着力推进机动车排气环保定期检测线建设

全面加强主城区机动车环保定期检测工作，根据重庆机动车保有量增长预测情况，研究制定落实主城区“十二五”机动车环保定期检测站建设计划，近期重点抓好重庆汽博汽车检测有限公司等主城区 8 个机动车排气简易工况法检测站建设与投运工作；继续推进江津、合川、万州、永川、黔江、长寿、涪陵、璧山等重点区县建设机动车排气简易工况法检测站。

（三）严格执行在用机动车排气环保定期检测制度

贯彻落实《重庆市机动车排气污染防治办法》，严格执行在用机动车排气环保定期检测制度。对主城区登记的在用机动车应当采用简易工况法进行排气污染定期检测，确保机动车环保定期检测率达到国家模范城市考核要求；主城区以外的其他区县（自治县）登记的在用机动车可以采用简易工况法进行排气污染定期检测，也可以采用符合国家规定的其他方法进行排气污染定期检测。强化检测单位的资质管理，在主城区范围内从事机动车排气定期检测的单位要完成环保委托、质检等部门的检测机构资质认证，未取得委托和认证的单位不得从事机动车排气定期检测业务。加快建立环保-公安-交通信息平台，环保部门负责建立机动车排气污染监督管理数据库，搭建公共信息平台，对定期检测、路检抽检、维护维修过程进行管理，并与公安、交通等部门的车辆入籍、年审、维修维护等数据联网，实现数据资源共享，从而实现对机动车从入籍、定期检测、路检抽检结果、维修维护、报废情况的全过程实时动态管理。

（四）实施环保标志和限行管理

以主城区为重点，在主城区和有条件的区县实施机动车环保标志管理，核发环保分类标志。重庆市登记的在用机动车，经排气污染定期检测合格的车辆，根据其达到的标准核发环保检验合格标志（绿标和黄标），制定并实施对黄标车在一定区域、一定时间的限制行驶措施。对排气污染定期检测不合格的核发临时黄标，实行限行，并限期在 15 日内进行维修或治理，经排气污染检测合格后核发相应的环保分类标志；对排气污染定期检测不合格的，未获得任何分类标志的车辆，禁止上路行驶，在入籍或年检时公安机关交通管理部门不予核发机动车安全技术检验合格标志。市外登记的机动车，进入主城内环高速以内停留时间不超过 7 日的，不需进行检测，发放临时绿标；超过 7 日的，按主城区登记的在用机动车进行管理。加强限行管理细则研究，突出重点，以重污染柴油车和高排放汽油车为重点控制对象，以重污染路段为重点控制区域，以上下班高峰时段为重点控制时段，实施精细化的限行管理。

（五）深入贯彻国家汽车以旧换新政策

加大财政补贴力度，鼓励提前淘汰高排放“黄标车”，鼓励企业加快对老旧公交车、出租车、邮政车、环卫车等专用车辆的更新，鼓励新增和更新的客运车辆使用混合动力车、电动汽车等低排放清洁能源汽车。

（六）积极培育一批机动车尾气治理机构

加强鼓励和引导，培育一批机动车治理机构和专业技术人才，同时要加强对尾气治理机构和市场秩序的管理。交通管理部门会同环保部门对尾气治理机构实施环保资质管理，并定期公告尾气治理机构名单；交通管理部门会同质监部门制定机动车排气污染强制维护技术规范，取得资质的治理机构从事机动车尾气治理业务，必须符合机动车排气污染强制维护技术规范，并在竣工出厂时将维修检测数据发送到交通和环保部门，实现联网监控管理，保证治理后的车辆在有效期内尾气排放达标，逐步形成检测－超标－治理－达标－减排的良性程序。

（七）大力推广清洁能源汽车

继续推广 CNG 汽车，推进 CNG 加气站建设；大力开发和使用清洁燃料车辆，推广混合动力车、电动汽车等清洁能源车，研究推进配套充电站建设，争取到 2015 年，主城区运营的出租车、公交车全部改造使用清洁能源。改善车用燃油品质，加强车用燃油市场和加油站车用油品的质量监督和抽查检测，在油库和加油站统一添加经过认证、效果良好、技术成熟的车用燃油清净剂，确保重庆市 2011 年车用油品质量全面达到国Ⅲ标准，2015 年前全面达到国Ⅳ标准。

（八）实施公交优先战略

加快主城区快速路网及附属设施、轨道交通网、公交站场及换乘枢纽建设，加快内环高速以内长途车站搬迁。加强道路交通综合管理，加快交通管理智能化系统建设，完善道路标志线、交叉口红绿灯系统、电子警察系统、交通诱导系统、视频监测系统、电子监控系统等交通管理设施。倡导公共交通，制订鼓励市民乘用公共交通工具出行的相关经济政策，适度提高中心城区公共停车场所停车费用，加大公共交通政府补贴力度，降低市民乘用公共交通工具出行的费用。

（九）加强非道路移动源排气污染控制

积极开展非道路移动源排气污染负荷研究，逐步加强对飞机及机场相关机械车辆、建筑工地施工机械以及船舶等非道路移动源的排气污染控制。

第三节　二氧化硫及酸雨控制

一、大气环境质量情况

（一）城市环境空气质量改善情况

近年来，重庆市主城区环境空气质量持续好转。2005—2007 年主城区空气质量满足二级优良天数分别为 266、287 和 289 天，到 2008 年，满足二级优良指数的天数达到了 297 天，占全年天数的 81.1%，比 2005 年多 31 天，上升 8.2 个百分点。空气中二氧化硫、二氧化氮和可吸入颗粒物年均浓度分别为 0.063 毫克/米^3、0.043 毫克/米^3 和 0.106 毫克/米^3；二氧化氮年均浓度达标，二氧化硫和可吸入颗粒物年均浓度分别超标 0.05 倍和 0.06 倍。与 2005 年相比，可吸入颗粒物、二氧化硫和二氧化氮年均浓度分别下降 11.7%、13.7%和 10.4%。主城区降尘量为 6.61 吨/（千米^2·月），超过参考标准 0.76 倍，比 2005 年下降 21.0%。

2009 年，主城空气质量满足优良的天数达到 303 天，优良天数占全年天数的比例为 83.0%，较 2008 年增加 6 天，较 2000 年增加了 116 天。在全国 47 个环保重点城市中的排名为第 39 位；在 4 个直辖市中的排名为第 3 位（上海 334 天，天津 306 天，重庆 303 天，北京 283 天）。2010 年，1—8 月主城区空气质量满足Ⅱ级天数比例为 91.4%（222 天），首要污染物为可吸入颗粒物，所占比例为 100%。主城区空气中的主要污染物可吸入颗粒物、二氧化硫和二氧化氮平均浓度分别为 0.096、0.049 和 0.038 毫克/米^3；可吸入颗粒物浓度、二氧化硫和二氧化氮浓度达标。

主城以外区县城镇空气质量自 2005 年也持续好转，2008 年空气中二氧化硫、二氧化氮和可吸入颗粒物年均浓度分别为 0.036、0.023 和

0.079 毫克/米^3，均达到国家环境空气质量二级标准。与 2005 年相比，2008 年空气中二氧化硫、氮氧化物、可吸入颗粒物浓度和降尘量分别下降 23.4%、8.0%、44.8%和 14.3%。万州区、黔江区和江津区等 25 个区县城镇空气质量达到二级标准，占总数的 80.6%，比 2005 年增加了 7 个区县，比例增加了 20.6%。

（二）酸雨污染情况

根据重庆市 40 个区县降水监测结果，2006—2008 年，重庆市酸雨频率为 49.3%，酸雨雨量占监测总雨量 43.9%，降水 pH 范围为 3.20～8.50，降水 pH 均值为 4.82，酸雨 pH 均值为 4.48。从变化趋势上看，2008 年年降水的酸度比 2005 年有所增加，但其中酸雨雨样的 pH 均比 2005 年有所降低。从降水离子组分分析，重庆市降水中的硫酸根离子、硝酸根离子均在逐年升高，而钙离子有明显的降低，其对酸性离子的缓冲作用有所削弱。其中，硫酸盐和硝酸盐的当量浓度比值在 3∶1 左右浮动。

从 2005 年到 2008 年，国控点降水酸雨频率呈增加趋势，降水 pH 逐渐降低。酸雨频率增加了 50.3%，氢离子浓度增加了 54.9%。两控区 2006 年降水 pH 均值为 4.70，酸雨频率 59.8%，同比降水 pH 下降 0.09，酸雨频率上升 7.2 个百分点。2007 年降水 pH 同比下降 0.13，酸雨频率下降 3.2 个百分点。2008 年降水 pH 同比上升 0.1，酸雨频率上升 2.6 个百分点，2005—2008 年国控点、酸控区降水 pH 年际变化相对较小。

二、二氧化硫排放总量减排进展情况

（一）总量指标分解方法与指标分配结果

根据《国务院关于“十一五”期间全国主要污染物排放总量控制计划的批复》（国函[2006]70 号），重庆市“十一五”期间二氧化硫排放总量在2005年83.7万吨的基础上，到2010年削减至73.7万吨，削减10万吨，削减率11.9%。按照原国家环保总局《关于印发〈二氧化硫总量分配指导意见〉的通知》（环发[2006]182号）和《重庆市“十一五”污染物总量减排实施方案》，重庆市结合实际情况，按照“整体控制、总量削减、突出重点、分区要求”的原则，综合考虑各个区县的环境容量、排放基数、排放强度、工程削减能力、产业结构等因素，2006年7月以《重庆市人民政府办公厅关于印发“十一五”化学需氧量及二氧化硫总量控制计划的通知》（渝办发[2006]196号）将二氧化硫总量指标及削减任务分解到各区县，市政府与各区县（自治县）政府签订了减排目标责任书。

（二）总量减排目标分年度完成情况

根据环境保护部核定结果，2006年，重庆市二氧化硫排放量为85.95万吨，同比增加2.25万吨，增长率2.68%；2007年二氧化硫排放量82.62万吨，同比减排3.33万吨，减排率3.88%；2008年二氧化硫排放量为78.24万吨，同比减排4.38万吨，减排率5.3%，累计完成“十一五”减排目标任务的54.6%。

（三）总量减排主要措施及效果

1. 建立健全机制体制，为减排提供了强有力的制度保障

为切实做好总量减排工作，重庆市从建立和完善制度着手，不断探索和创新体制机制。先后建立和完善了目标责任、新增量管理、计划管理、预警、部门协调等制度，重庆市修改重新颁发的《重庆市环境保护条例》，将主要污染物排放总量控制作为重要内容，总量减排工作步入法制化轨道。市政府印发了《关于加强主要污染物总量减排工作的实施意见》、《主要污染物总量减排统计监测及考核办法》，将主要污染物总

量减排直接与责任人的业绩挂钩、与当地政府主要负责人的政绩挂钩、与环境质量的改善挂钩，形成了全社会参与减排、有责任减排的浓厚氛围，确保了主要污染物总量减排工作的顺利开展。

2．强力推进三大减排措施，有效削减了污染物存量

一是大力调整产业结构，关停并转了一批落后产能。2006—2008年，重庆市关停了重庆渝永电力股份有限公司、云阳南溪火电厂等 14家 28 台小火电机组共 36.4 万千瓦装机容量，淘汰了落后水泥生产线 48条共 638 万吨产能，淘汰了落后炼钢产能 350 万吨。二是强力推进工程治理，推进和深化工业燃煤锅炉窑炉的设施建设和改造。中梁山煤电气有限公司、万州索特盐化有限公司等完成新建烟气脱硫设施，合川双槐电厂、珞璜电厂、恒泰电厂等燃煤发电机组完成烟气脱硫设施改造，提高了脱硫设施投运率和脱硫效率。三是强化管理减排措施，增强减排效果。对燃煤电厂、水泥、碳酸锶等行业制定并执行严格的污染物地方排放标准。积极推进污染物排放在线监测装置安装，重庆市 63 家大气重点污染源现已安装在线监测装置，实现与市环保局联网实时监管，确保稳定达标排放。

3．严格控制新增排放量，不断提高环境准入门槛

重庆市政府印发了《重庆市工业项目环境准入规定》，重庆市环保局下发了《重庆市建设项目主要污染物总量指标管理办法》，明确了建设项目审批实行“批项目核总量”和“增一降一”审批制度，把污染物总量指标作为审批项目环评的前置条件，将总量控制作为环保验收的基本要求。项目审批增加了总量指标会审程序，要求新增污染物排放量的工业项目必须确定污染物替代削减方案，落实污染物总量指标来源，经总量减排管理部门核准后方可审批建设项目环境影响评价文件，建设项目替代方案列入重庆市的年度减排重点项目，同时纳入总量减排考核和建设项目试生产及环境保护验收审批内容。

（四）重点减排项目实施进度和完成情况

根据国家规划，结合实际情况，重庆市分年度，有计划推进重点减排项目的实施。已完成白鹤电厂、磨心坡电厂、川维厂、华能集团重庆珞璜电厂二期等锅炉完成脱硫设施改造，完成关停28个共36.4万千瓦小火电机组，共削减二氧化硫11.3万吨；完成钢铁、有色金属、建材、化工等行业共68个重点工程减排项目，共削减二氧化硫1.7万吨。完成203家重点企业自动监控系统建设，并与环保部门联网，涵盖了市内污水处理厂、造纸、化工、水泥、电厂等重点水污染行业和二氧化硫排放企业。

三、规划任务措施落实情况

（一）完善法律法规，坚持依法治污

近年来，为落实国家酸雨二氧化硫污染防治方面的政策法规，重庆市加强了相关政策法规体系的建立健全工作，先后修订颁布了《重庆市环境保护条例》、出台了《关于控制主城区采（碎）石场和小水泥厂尘污染的通告》（渝府令第121号）、《关于进一步控制主城区尘污染的通告》（渝府令第152号）、《重庆市主城尘污染防治办法》（渝府令第188号）等地方法规和政府规章，制订实施了水泥工业大气污染物排放标准、燃煤电厂大气污染物排放标准和锶盐行业排放标准等地方标准，为重庆市大气污染防治提供了有力的法制保障。特别是新修订的《重庆市环境保护条例》，在明确各级政府环境保护责任、环境监督管理制度规定、环境违法行为处罚等方面都有重大突破和创新，在全国产生了积极影响。

（二）制定规划方案，有序开展防控

2006年，原国家环保总局发布了《全国酸雨和二氧化硫污染防治规

划》，为确保规划内容得到较好贯彻落实，重庆市结合实际，重新编制实施了《重庆市酸雨和二氧化硫污染防治规划（2008—2012年）》，该规划以总量减排为主线，以控制火电行业排放的二氧化硫和氮氧化物为重点，采取整体控制和分区要求相结合，分别规划了酸雨区面积控制目标、硫沉降控制目标、二氧化硫环境浓度控制目标、排放量削减目标以及分区目标。

为推进规划实施，相继制定实施了主城区“清洁能源工程”、“五管齐下”净空工程和“蓝天行动”实施方案。特别是2005年市政府颁布实施的“蓝天行动”方案，通过采取控制扬尘污染、控制燃煤及粉烟尘污染、控制机动车排气污染、保护及恢复区域生态环境、完善环境监控手段及建立和完善保障机制等措施，促进了主城区空气质量的不断改善。2008年，重庆市又对“蓝天行动”方案进行了细化和完善，并将规划目标和任务延长至2012年，将通过一系列措施，使主城区空气质量满足优良天数的比例逐步提高并稳定在300天以上。

（三）健全制度机制，切实增强效果

1．环境保护目标责任制不断强化

重庆市委、市政府每年都要将重庆市年度环境保护工作目标任务、解决突出环保问题分解下达给各区县党委、政府和市级相关部门，纳入重庆市重大事项督查范围和区县经济社会发展综合考核，并从2000年起在全国率先开展了党政一把手环保实绩考核，考核结果报市委常委会审定后，作为干部年度考核和任用考察的重要内容。其中主城“蓝天行动”每年都作为市委、市政府为民办实事的“民心工程”项目予以重点推进。

2．环境决策管理机制体制进一步完善

重庆市委、市政府印发了《关于加强环境保护若干问题的决定》，

市委办公厅、市政府办公厅印发了《关于进一步建立完善环境保护工作长效机制的意见》，实行环保部门领导干部双重管理。为促进环境质量改善，市政府成立了环保“四大行动”督查推进办公室，从市环保局、市建委、市市政委抽调专门人员参加环保“四大行动”日常巡查和督查督办工作。建立完善了部门联动机制、部门月例会制度、市区季例会制度，定期召开“四大行动”调度会、专题会、现场会和协调会，初步建立了空气质量分析机制和预警预报机制，收到了很好的效果。

3. 环境保护的各项保障机制不断完善，环保投入逐年增加

近年来，重庆市累计投入环保资金超过350亿元，2007年达到108亿元，占全市GDP的2.6%，是1980年至1990年10年间全市环保投入的10倍。市政府明确规定从2005年起，在当年5000万元环保专项基金的基础上，每年递增10%，专项用于环境保护工作，为环保工作的推进提供了有力的保障。

（四）加强监管能力建设

在酸雨监测方面，重庆市设立酸雨监测点43个，其中酸控区酸雨监测点23个（5个为国控酸雨监测点），非酸控区酸雨监测点20个，形成酸雨监测网络。

在空气质量监测方面，重庆市在城区和远郊区建立了15个空气自动站，开展二氧化硫、氮氧化物、臭氧、PM_{10}等污染物的实时在线监测，并积极筹备建立监控指标更加全面的空气质量监测超级站。

在监督管理方面，加强对设施日常运行监管。积极推动企业在线自动监控装置，建立脱硫设施运行台账。2008年底前，所有燃煤脱硫机组已与市环保局完成在线自动监控系统联网。对未按规定和要求运行脱硫设施的电厂加大处罚力度，并将运行情况向社会公布。严格执行按设施运行效果扣减脱硫电价，较好地促进了对燃煤电厂的监管。

截至 2008 年，重庆市通过对主要燃煤设施的清洁能源改造，对主力电厂燃煤锅炉新建烟气脱硫设施或进行脱硫设施改造，10 万千瓦以下老机组的锅炉进行改造，循环流化床锅炉加装烟气脱硫装置等，在冬季用电高峰时段、迎峰度夏及其他敏感时期合理调度发电，采取低硫煤掺烧等措施，较好地解决了高硫分造成的排放压力，基本实现了按许可证要求排放，达到了重庆市"十一五"二氧化硫削减实施方案的进度要求，2008 年中期考核年已完成"十一五"减排目标过半。2009—2010 年，重庆市将进一步加大机制体制建设，强化燃煤设施监管，扩大清洁能源改造范围和进度，2009 年实现减排 4%，2010 年完成"十一五"减排 11.9%的目标任务，规划目标可以按期完成。

四、规划实施存在的问题

（一）煤耗中高硫煤所占比重较大

重庆市消费的煤炭主要产于本地，而本地煤质低、含硫高。含硫率低于 0.8%的低硫煤仅占 9%，而高硫煤约占 91%，平均含硫率为 3.5%。因此，在消费相同吨位煤炭的情况下，二氧化硫减排和达标排放的压力大大高于低硫煤省市。

（二）面源（或无组织排放源）污染仍然比较重

重庆市从 2000 年开始实施清洁能源工程，主城九区和其他区县的城区较好地推行了此项工作。但郊区县的多数乡镇和农村还没有实施。核心区之外的小型锅炉和窑炉都采用低矮烟囱排放，对局地环境影响明显。根据模拟结果显示，面源对近地表浓度贡献达 34.9%，面源污染仍然严重。

（三）产业结构调整的压力仍然较大

重庆是传统的老工业基地，且大多属于机械、冶金、化工、制药、建材和电力（火电）等高能耗行业。近年来，重庆市已关停并转了落后的产能企业 2294 家，但仍有相当数量的企业需要进行结构调整和产业升级，需要一定的时间。

（四）技术、监管保障需进一步提高

点源污染的排放具有瞬时扩散快的特点，监察人员巡查的监管方式已不能满足环保的要求，加快推进自动在线监测装置的建设是当务之急。目前重庆市已对包括国控重点源在内的 63 家废气排放企业安装了在线系统，但自动在线装置的设备型号及参数设置多样，监测取样方式不统一，其建设规范、技术规范和管理规范都有待完善。

（五）周边污染源的影响

重庆市同时也受到周边省市的影响。分析表明，重庆地区环境二氧化硫浓度内部源贡献占 57.8%，外部源贡献占 42.2%；重庆地区硫沉降内部源贡献占 44.7%，外部源贡献占 55.3%。以位于与重庆市接壤的四川省的广安电厂为例，2005 年的模拟结果显示，2010 年，如果广安电厂的二氧化硫未经处理直接排放，则其全年对重庆主城区贡献值将达 11.47 微克/米^3。在极端的气象条件下（西北偏北风为主导风向时）将产生更大的影响。

（六）气象条件限制

重庆市属典型的山区河谷地形，地形复杂。地面风场受河谷地形影响，各季均以西北风向为主，年均风频 11.8%；风速较低且各向差异较小，年均在 1.1～1.7 米/秒之间；静风频率较高，年均 25%左右；混合层较低，逆温频率高；雾日多，平均每年雾日约 100 天。这些特有的气象条件极不利于空气中污染物（包括二氧化硫）的扩散。根据重庆市《主城区空气质量与气象相关性研究》结论，从有利、不利于污染物扩散的

天气形势统计情况来看，有利于污染物扩散天气形势出现概率仅为39.8%，而不利于污染物扩散天气比例达60.2%。

第四节　保护臭氧层和防止气候变化行动

为在国际范围内采取实质性的控制措施保护臭氧层，使人类避免受到因臭氧层破坏而带来的不利影响，联合国环境规划署在1987年组织召开了“保护臭氧层公约关于含氯氟烃议定书全权代表大会”，并形成了《关于消耗臭氧层物质的蒙特利尔议定书》（以下简称《蒙特利尔议定书》）。

中国政府十分重视臭氧层保护工作，于1991年签署加入了《蒙特利尔议定书》伦敦修正案、哥本哈根修正案。并于1992年根据《蒙特利尔议定书》的规定和我国经济技术等情况，编制了《中国逐步淘汰消耗臭氧层物质国家方案》。

重庆市顺利推进各项专项工作，在2008年初已将淘汰消耗臭氧层物质工作内容纳入了市政府“四大行动”中的“蓝天行动”计划。由市政府主要领导担任组长的“四大行动”推进办公室负责统一协调调度，并建立了多部门参与的定期联席会议工作机制。为便于监管与执法有机统一，授权市固体废物管理中心承担具体日常工作。

一、积极推进淘汰消耗臭氧层物质国家方案的落实

（一）摸清重庆市消耗臭氧层物质基础数据

从2008年上半年开始，重庆市消耗臭氧层物质（ODS）管理办公室成立了调查小组，制定调查方案，确定技术路线和调查范围；该管理办公室积极与相关部门、行业协会协调、合作，获取ODS信息资料，向生产、使用、消费相关企业发放调查表，开展现场调查、核实，重点

企业座谈会等展开了 ODS 的重庆市调查工作。

通过调研，掌握了真实、全面、丰富的基础资料，基本摸清重庆市生产、消费、使用领域中消耗臭氧层物质情况，建立了 ODS 生产和使用企业的信息数据库，为巩固淘汰成果和实施 ODS 持续监督、管理奠定了基础。

（二）加强淘汰消耗臭氧层物质能力建设

1. 加强地方淘汰消耗臭氧层物质业务能力建设

利用重庆市固体废物管理工作会议，对基础环保管理人员进行 ODS 知识、国家颁布的各项保护臭氧层的方针、政策、法规为内容的培训，参训人员 182 名。在重庆市环保系统开展 ODS 网络在线培训。市环保局将淘汰消耗臭氧层物质环境管理人员在线培训工作纳入了 2009 年度区县（自治县）环保工作目标考核内容，规定了培训对象、培训任务、完成时限，落实了奖惩措施。市环保局、42 个区县（自治县）环保局环境管理人员 189 人参加培训。ODS 管理办公室开通了辅导热线，安排专人指导区县（自治县）开展在线培训工作，组织日常学习的交流，目前区县已有 144 名参训人员经考试取得了培训合格证书。

2. 设立淘汰消耗臭氧层物质能力示范区县

为了建立省级和区县级协调配合、辖区负责、指导督促的工作机制，研究探索适合重庆市的 ODS 环境管理方式，2009 年，重庆市在长寿区、涪陵区（化工企业集中和涉及 ODS 行业较多的区县）开展了加速淘汰消耗臭氧层物质环境管理能力区县示范、试点工作。通过试点工作积累经验，探索适合重庆市实际的 ODS 管理模式、管理方法，推动重庆市区县全面、深入开展淘汰消耗臭氧层物质管理。

3. 提升政府和公众意识

为做好履行保护臭氧层公约的宣传工作，提高政府、环境管理人员、社会公众保护臭氧层意识，动员全社会参与和支持 ODS 工作。2008 年、2009 年上半年共编制工作简报 8 期，印制发放宣传海报 5 000 份、宣传手册 2 万份、宣传纪念品 1 000 份；固废网站开辟有宣传专栏；主城区公众环保显示屏有滚动标语；开展臭氧层保护进社区、进学校宣传活动；世界环境日、国际保护臭氧层日在 ODS 环境管理能力示范区县、公众集中区域开展了保护臭氧层知识的有奖知识问答、科普展板、发放宣传手册宣传海报、咨询解答、少儿书画展览等形式多样的主题宣传活动。通过宣传，广大群众对 ODS 工作有了更准确的了解，对保护环境、消除污染有了更深刻的认识。

（三）提前准备含氢氯氟烃淘汰工作

针对当前氢氯氟烃淘汰的新动向，帮助重庆市相关企业积极应对，早谋对策，市环保局组织了 30 余家汽车空调、家用及工商制造企业召开了加速淘汰消耗臭氧层物质工作会议。传达了环保部淘汰消耗臭氧层物质工作会议精神，总结了重庆市前阶段工作开展情况，对淘汰含氢氯氟烃淘汰工作进行了动员和部署。

（四）开展回收消耗臭氧层物质工作

为加快推进重庆市汽车空调器 ODS 汽车维修行业、报废机动车拆解行业空调制冷剂的回收利用工作，在环保部环境保护对外合作中心的帮助下，会同市交委、市商委对重庆市主要汽车维修企业和报废机动车拆解企业进行了业务培训，确保中心提供的 CFC-12 制冷剂回收设备运转正常。回收设备投入运行，有力保证了汽车空调制冷剂在维修和拆解环节不随意排放。为保护臭氧层，消除淘汰 ODS 的环境隐患，巩固淘汰成果，与相关部门多次协商，决定开展 ODS 回收工作。目前淘汰哈龙集中回收、储存、精制、再循环工作已完成前期准备工作，正积极筹划启动和实施。

二、保护臭氧层工作取得初步成果

重庆市政府各职能部门密切配合，协力推进 ODS 淘汰工作。按照国家相关要求，在政府采购、建设项目管理、汽车维修、商品管理等领域建立氯氟烃以及哈龙淘汰制度；设立举报热线电话，在生产、流通领域开展检查，打击“三非行为”；ODS 在消防行业、泡沫行业、制冷行业、烟草行业溴甲烷实现了淘汰；药用气雾剂行业、清洗（溶剂）行业、化工助剂行业 ODS 淘汰工作正在进行中；市场上基本实现了无氟利昂产品的销售，重庆市淘汰 ODS 和产品技术替代工作取得了阶段性成果。

第三章　水污染防治

重庆市直辖以来，认真贯彻落实江河湖泊休养生息战略，坚持“预防为主、保护优先、综合治理”方针，大力实施《三峡库区及其上游水污染防治规划》，制定了《三峡库区及其上游水污染防治规划实施方案》和《重庆市碧水行动实施方案》，推进六大污染综合防治工程，加强三大环境能力建设，强化五项保障措施，加大了重庆三峡库区水环境保护工作力度，取得了明显成效。

一是水环境保护基础设施建设取得突破。在西部率先实现“县县建成生活污水处理厂”，累计建成城市污水处理厂（含小城镇污水处理设施）155 座，新建排污管网 4000 余千米，长寿等工业园区污水处理厂建成投运，与 2005 年相比，污水日处理能力由 57.8 万吨提高到 240 万吨，处理率由不足 30%提高到 83%。累计建成城市垃圾处理场（含小城镇垃圾处理设施）50 座，垃圾无害化率由 2005 年的 59%提高到 94%。污水集中处理率、垃圾无害化处理率位居全国前列。

二是工业企业结构调整和库底清理成效明显。完成了库区 1397 家工业企业的搬迁和结构调整，先后启动了 5 批 165 家污染企业环保搬迁项目，已累计完成 113 户企业环保搬迁。圆满完成三峡库区二、三、四期库底固体废物的清理，清理处置生活垃圾 306 万吨，清理处置一般工业固废 260 万吨，清理危险废物 1.9 万吨，清理处置废放射源 18 枚。推进农村面源污染防治，累计完成农村沼气建设 130 万户。三峡水库蓄水以来，清理漂浮垃圾 94 万余吨。

三是环境监管能力大幅提升。重庆市环境监测中心监测能力已经达到 400 余项，进入省级先进站的行列；40 个区县监测分析能力平均 90 项，比 2005 年增加 29 项，实现了 6 个片区中心区域性特征污染物的监测能力，实现了全市出入境断面、主要饮用水水源地水质的周报监测。全市构建了由 1 个应急监测中心和 6 个应急监测分中心组成的应急监测网络。全市污水处理厂及重点工业企业共计 268 家建成了自动监测系统现场端，并与环保部门联网。全市环境监察标准化达标建设取得显著成效，市环境监察总队率先通过国家环境监察标准化达标建设西部一级验收。全市已有 30 个区县通过一级验收，8 个区县通过二级验收，26 个区县监察大队升格。完善了环境应急预案体系，建成环境应急指挥系统，加强了环境污染事故应急处置的信息化建设，对易发生污染事故的单位建立了污染源及污染事故隐患动态档案。

四是水环境保护长效机制得到建立。强化环境准入，制定出台了《重庆市工业项目环境准入规定》，优化经济增长方式，调整产业结构，引导库区工业企业向园区集中。强化法制建设，颁布实施了《重庆市环境保护条例》、《重庆长江三峡库区流域水污染防治条例》等一批地方性法规，为重庆水污染防治工作提供了可靠的法制保障。强化资金投入，积极争取国家投入，“十一五”期间，重庆争取国家用于水环境保护的资金投入达 35 亿元以上。强化目标考核。出台了《关于进一步建立完善环境保护工作长效机制的意见》，每年将水环境保护的各项目标任务按年度分解落实到有关区县（自治县）、市级有关部门和单位，并将其实施情况作为年度党政一把手政绩考核和环保实绩考核的重要内容。

2010 年，重庆库区水环境质量稳中趋好，长江出境断面水质连续 5 年保持在Ⅱ类水质以内，在全国七大水系河流中处于最好水平。城市饮用水水源地水质达标率连续 3 年为 100%，群众饮水安全得到充分保障。

与 2005 年相比，主要次级河流满足水域功能要求的断面比例从 64.9%提高到 84.7%。

第一节　饮用水水源保护

坚持把保护饮用水水源、保障群众饮水安全作为全市首要任务，将饮用水水源保护列为“民心工程”予以重点推动。清理了饮用水水源保护区范围的所有工业污染源、市政排污口和餐饮娱乐船，取缔了饮用水水源保护区范围内的网箱网栏水产养殖，完成了全市 500 人以上集中式饮用水水源保护区的划定工作。

一、饮用水水源保护工作的主要措施

（一）加强领导，落实责任

重庆市委、市政府高度重视饮用水水源保护工作，将“碧水行动”等四大行动列为重庆市环保的中心工作，成立了环保“四大行动”督查推进组，建立了调度会制度，制定了《重庆市碧水行动实施方案》，全力推进三峡库区水环境保护及饮用水水源保护工作。为了使饮用水水源保护工作切实取得成效，2004 年市政府将饮用水水源保护工作列位“八大民心工程”之一，各级各部门高度重视，成立了相应的整治工作领导小组，由分管市领导担任领导小组组长，并落实各部门的责任，保证了目标的顺利完成。2006 年，市政府再次把饮用水水源保护确定为“八大民心工程”之一，并制定了确保在年底实现“主城区饮用水水源地水质达标率达到 97%，远郊区县城区水质达标率达到 94%”的目标，同时将饮用水水源保护纳入区县（自治县、市）党政一把手环保实绩考核的重要内容。

（二）制订法规，加强宣传

为把饮用水水源的保护纳入法制化轨道，提升饮用水水源保护的法律地位，市环保局会同市法制办，修订了《重庆市饮用水水源污染防治办法》（以下简称《办法》），并于 2004 年 3 月 1 日实施。《办法》颁布后，市环保局会同有关部门通过电台、电视、报纸等多种传媒进行广泛宣传，增强了社会各界保护饮用水水源的自觉性和责任感。

（三）协调配合，加强督查

饮用水水源保护工作涉及面广，需要多部门、多单位及全社会的积极参与，为确保饮用水水源水质达标，市级有关部门及相关区政府多次召开工作会，统一认识，协调配合，齐抓共管，共同推进饮用水水源保护工作。市委、市政府督查室加大了饮用水水源保护工作的督查力度，促进了有关问题的解决。同时，加强新闻媒体的舆论监督作用，促进责任单位进一步加快工作进度，确保目标和任务的圆满完成。

（四）强化执法，加大监管

近年来，市环保局加大饮用水水源保护的执法监管力度，会同市港航局、市交委、市市政委等有关部门开展了主城区范围内的餐饮船舶污染整治的执法检查，督促相关单位加强治理。各区县（自治县、市）环保、建设、水利、卫生、公安、农业、林业等部门开展部门联合执法行动，对养殖污染、船舶污染以及工业污染等破坏饮用水水源的行为进行了联合查处，有力促进了饮用水水源保护工作的开展。市专项行动领导小组办公室对其中群众长期投诉的 28 件水污染案件进行了督办，促使一批群众关心的环境问题得到了妥善解决。

二、饮用水水源保护工作的主要进展

（一）开展了对饮用水水源保护区范围内污染源的清理整治

一是加强工业污染源治理。搬迁、关闭饮用水水源保护区内企业3户，对16户下达了停产或限期治理任务；重庆市饮用水水源保护区内一级保护区范围的工业污染源已清理完毕，二级保护区范围内的工业污染源已实现了达标排放。二是清理取缔了饮用水水源保护区范围的水产养殖。完成了对饮用水水源保护区范围内养殖业污染的清理整顿，取缔网箱养鱼37个（口），搬迁养殖场6个。三是开展了保护区范围内的船舶污染整治。主城饮用水水源一级保护区内的餐饮船舶已全部迁出，二级区内均安装了污水处理设施，有效控制了餐饮船舶对饮用水水源水质的污染。四是积极推进生活污染治理。重庆市已搬迁、整改生活污水排污口18个，新建生活污水处理站2个，取缔餐饮店、“农家乐”12户，对7家“农家乐”下达了限期治理任务。结合主城区排水管网的建设，主城区保护区范围内部分市政生活排污口被接入主城区排水管网，三峡库区结合污水处理厂的建设，对保护区范围内的市政生活排污口进行了整治，各区县（自治县、市）按照市政府关于饮用水水源整治的要求，对保护区范围内的生活垃圾进行了清理。

（二）关闭了水质不达标的自备生活水厂

按照饮用水水源整治的要求，对不达标的自备水厂逐步进行关闭、取缔。截至目前，已对主城区重钢、特钢、重棉厂等28家自备水厂进行了生活用水分离或兼并，自备水厂由原有的114家减少为86家。剩余的自备水厂生活用水供应量2 610万米^3，仅占主城区年供水量的6.5%，这部分也将陆续关闭或整合。

（三）开展了饮用水水源保护专项执法检查

抽查重点为饮用水水源保护区内的违法排污和违法建设企业、饮用水水源地上游影响饮用水水源地水质安全的大中型排污企业。抽查内容包括饮用水水源地水质情况及建设管理情况；一级饮用水水源保护区内排污口是否彻底取缔；二级饮用水水源保护区内企业是否稳定达标排放；排放有毒污染物及威胁饮用水水源保护区水质的排污企业环境污染整治、环境应急预案的编制情况、应急处理设施的建设情况等。目前，重庆市环保局出动执法人员 500 余人次，已完成对主城九区外的 31 个区县（自治县、市）100 余个饮用水水源地的专项执法抽查。

（四）加强旱灾缺水期间饮用水水源保护

针对 2006 年重庆市发生的特大旱灾，市环保局于 2006 年 8 月 17 日、8 月 31 日先后下发了《关于切实加强饮用水水源保护严防旱灾期间水污染事故的紧急通知》（渝环发[2006]56 号）、《重庆市环境保护局关于进一步加大抗旱防汛期间饮用水水源保护工作的紧急通知》（渝环[2006]142 号），要求各区县（自治县、市）环保部门进一步加大饮用水水源保护区的监管力度，切实加强饮用水水源保护区污染源的整治工作，加快建制镇以上饮用水水源保护区的划定工作，切实防范旱灾期间水污染事故，确保饮用水水源安全。2006 年 8 月 31 日—9 月 3 日，重庆市在主城九区开展了加强饮用水水源保护严防旱灾期间水污染事故专项执法检查行动，共出动执法人员 200 余人次，检查集中式饮用水水源地近 100 个，严防了旱灾期间水污染事故的发生。

（五）建立环境应急机制，确保饮用水水源安全

加强环境污染事故应急处置信息化建设，对易发生污染事故的单位建立污染源及污染事故隐患动态档案，建立了以“12369 环保举报热线”为基础的环境应急处置指挥平台，强化了应急反应。仅2009年1年，重庆市共出动执法人员5500余人次，检查饮用水水源地1162个（含部分未划分保护区的饮用水水源地和重复检查的饮用水水源地），查处了一批影响饮用水水源水质的污染源，使一批影响饮用水水源地安全的环境问题得到了妥善解决。石柱县对六塘煤矿和双和煤矿分别责令停产治理和搬迁；渝中区对“银海渔都”、“阳光鱼庄”餐饮船予以了关停。

（六）加强饮用水水源的监测，开展饮用水水源相关的规划编制

目前，重庆市对区县（自治县、市）集中式饮用水水源地开展了月度监测，建立了主城区饮用水水源动态信息系统，编制了《重庆市乡镇饮用水安全规划》和《重庆市农村饮水安全规划》。根据原国家环保总局要求，开展了《重庆市饮用水水源保护规划》的编制工作。

通过整治，重庆市饮用水水源水质得到明显改善。国控饮用水水源地和城镇集中式饮用水水源地水质满足水域功能的断面比例均达到100%。全市56个城镇集中式饮用水水源地水质总体较好，其中75.0%的断面水质为Ⅰ～Ⅱ类，25.0%的断面水质为Ⅲ类；与2008年持平。

三、进一步强化饮用水水源保护的措施

饮用水水源保护工作是一项长期的任务，市环保局将会同有关部门把饮用水水源保护工作列为环保工作的重中之重，进一步深化饮用水水源保护工作，确保人民群众的饮水安全。

（一）改造城镇供水系统，扩大优质水厂服务范围

进一步优化主城区饮用水水源地空间分布，在主城区两江上游新建、扩建大型公共水厂，配套建设配水管网，改造完善供水管网，逐步形成主城区供水的规模化和管网一体化，建设主城区水厂和统筹城乡供

水管网延伸工程，实现“两江互济调控供水、城乡同质并网运行”的供水新格局，关闭或迁出水质风险等级或富营养化风险等级高、受有毒污染风险等级中高以上，以及取水量在 1.5 万吨/日以下的南岸区鸡冠石水站等 40 个水厂。开展区县饮用水水源地的论证复查工作，对水质、水量不保证的水源地应取缔，扩大公共水厂供水范围和规模，关闭 86 个自备水厂生活供水部分。实施巴南区李家沱、道角、龙洲湾、大渡口区茄子溪、九龙坡区铜罐驿镇、南岸区黄桷渡、沙坪坝区中渡口、巫山红石梁、忠县苏家、白公祠、涪陵区涪陵城区、李渡等 14 个受三峡水库蓄水影响的水厂取水方式改造，实施御临河龙兴水厂、五布河木洞水厂等 17 个受 175 米蓄水运行影响的次级河流水源调控措施，开展作为饮用水水源的病险水库的整治工作，建成鲤鱼塘大型水库、“泽渝”工程（一期）15 座中型水库和铜罐驿、松溉长江两大提水工程建设，重点推进大足县玉滩水库、巴南区关颈口水库和“泽渝”二期 16 座中型水库以及一批小型水利工程建设，完成嘉陵江梁沱等 10 个重点集中式饮用水水源地应急保障工程。

（二）加强农村集中供水，保障农村饮用水安全

在农村居民居住比较集中、水源等条件较好的地方，结合小城镇建设，选择好公共水厂的位置和水处理工艺，合理规划饮用水水源取水点位置，新建适度规模的跨村镇联片集中供水工程；在饮用水水源水质较好、人口居住分散的地区，结合农村改水实施供水到户工程；在长期饮用高氟水、高砷水、苦咸水、饮用水水源水质不达标等难以找到良好水源的农村地区，因地制宜地建设一批雨水集蓄、取水提水、打井等饮用水水源替代工程，确保当地群众的饮水安全；在地下水和地表水都不能满足饮用水水源水质，且不具备异地取水条件的农村地区，引导村民搬迁；适当扩建城镇供水厂供水规模并延伸供水管网，扩大城镇供水厂覆盖范围，将城镇周边乡村地区纳入城镇供水范围。

划定农村集中式饮用水水源保护区，开展设置界碑、取缔排污口、处置保护区内固废垃圾、规范畜禽养殖和水产养殖行为等工作，确保农村饮用水安全。

（三）加强饮用水水源地水质保护和污染防控

加大现有城市饮用水水源地保护力度，严格限制长江、嘉陵江都市区江段及其上游沿江建设可能对饮用水水源带来安全隐患的化工、造纸、印染等工业项目，禁止建设存在重大环境安全隐患的工业项目和可能排放剧毒物质和持久性有机污染物的工业项目，要求新建的一般风险企业至少距离下游饮用水水源取水口 3 千米以上。建立饮用水水源保护区水环境质量动态监测体系，在各类饮用水水源地合理布设监控断面，增加重要饮用水水源地监测断面数量，提高监测频率，逐渐增加监测指标，到 2015 年，城市集中式饮用水水源每年开展 1 次 109 项指标的全监测，日供水能力在 10 万吨以上的饮用水水源地开展自动监测，乡镇集中水源每月开展 1 次 29 项指标的监测，加大水源地水质全分析工作，检测出的特定项目纳入常规监测，对检测出的超标项目进行溯源，并采取相应的治理措施，建立饮用水水源地水质和饮水水质公告制度。对水源地实行严格的环境治理和保护措施，实施界碑设置和隔离工程，全面划分城乡饮用水水源保护区，关闭、搬迁、截流和调整饮用水水源保护区范围内市政生活、工业、船舶污染源，在饮用水水源保护区周边建造湿地、水源涵养林、限制种植等防止水污染物直接排入饮用水水体，制定并实施《集中式饮用水水源污染事故预警和应急制度》，完善饮用水水源污染事故预警系统和应急体系，完成主要集中式饮用水水源地水质在线监测等信息系统建设工作，提高水质监测数据综合分析能力，开展饮用水水源风险评估，强化危险品水陆运输管理，建立饮用水水源地上游风险源数据库和污染源来源预警、水污染事故预警、水质安全应急处置、水厂应急处理“四位一体”的饮用水水源应急保障体系，完成嘉陵江梁沱等10个重点集中式饮用水水源地应急保障工程。

第二节　地下水污染防治

重庆市配合国家开展了地下水污染防治方面相关规划的编制工作，开展了地下水污染防治现状调查，提出了有针对性的污染防治对策和项目，积极争取国家资金支持；结合饮用水水源保护工作，对以地下水为集中式饮用水水源的水源地进行了保护，清理保护区周边污染源，开展了日常监测工作。

一、编制地下水污染防治规划

按照环境保护部统一部署，重庆于2007年开展了地下水污染排查工作，围绕《全国地下水污染防治规划》地下水污染普查、地下水环境监管能力、饮用水水源污染防治、典型场地地下水污染防治、地下水污染修复及农业面源污染防治六方面任务的编制要求，提出并上报了重庆拟纳入《全国地下水污染防治规划》的“重庆地下水污染调查工程、重庆地下水污染监测和预警应急系统建设工程、重庆农业面源污染防治示范项目”等项目清单。《全国地下水污染防治规划》已于2010年12月征求了重庆相关部门意见。同时，组织编制《重庆市地下水水功能区划报告》，充分考虑地下水资源的条件，统筹规划、合理布局，有效预防地下水水质污染。

二、加大水污染防治工作力度

鉴于重庆大部分地区属于喀斯特地貌特点，重庆切实采取有效措施不断加大三峡库区水环境保护力度，尽可能减少地表水污染诱发地下水污染。一方面加强基础设施建设，在西部率先实现县县建成污水处理厂，城镇污水处理率由2005年不足30%提高到83%。另一方面强化工业废水治理。在“十一五”期间，重庆以工业 COD 减排为抓手，对三峡工程淹没的 1397 户工矿企业实施了结构调整，开展了化工行业环境安全检查，对造纸、电镀、碳酸锶、电解锰等重点行业开展了专项整治，强化环境管理。到 2010 年底，重庆一批工业源完成了污染治理，西永等 11 个特色工业园区污水处理厂建成投运，化学需氧量较 2005 年削减 12.83%，工业污染防治成效明显。

三、强化固体废物环境管理

加大生活垃圾处理场建设力度和垃圾收运体系建设。截至 2010 年底，全市已建成 50 座（含小城镇垃圾处理设施），生活垃圾无害化处理率由 2005 年的 59%提高到 94%。同时强化工业固体废物特别是危险废物管理。编制了《重庆市重金属污染综合防治规划》，全面实施危险废物转移许可、经营许可及危废转移联单制度，开展危险废物经营单位在线监测监控系统建设。加强持久性有机污染物（POPs）削减控制，重庆成为全国第一个完成政府批准实施 POPs 污染防治规划的城市。全市危险废物处置率达到 99.5%，工业固体废物综合利用率达到 79.4%，较“十五”末期明显提高。

四、开展地下水动态监测

编制《重庆市地下水监测站网建设可研报告》。每月对地下水监测点水位、水温、流量等进行动态监测，并分别于每年的枯水期（12 月—翌年 2 月）和丰水期（7—9 月），依据《地下水动态监测规程》（DZ/T 0133—1994）对监测点水质进行监测，并进行对比分析，如发现异常将立即上报并通报有关区县、部门整改。监测结果还通过每年发布的《重庆市地质环境公报》向社会公布。

第三节　流域水污染治理

实施主城区次级河流综合治理是满足群众环境要求、提升宜居水平、改善城市形象的迫切需要，也是达到创模要求的必需之举。考虑到当前重庆市经济能力和创模考核的时限要求，整治工作的着力点是突出污染治理，消除黑臭现象和实现水环境功能达标，主要是“治水”，而不是全面“治河”。重点实施截污控源和污染严重河段清淤，并按照次级河流区位和水域功能要求分类整治，河道尽量保持自然生态。流域生态建设和景观建设，由区县结合创建国家森林城市、国家生态园林城市统筹规划、分步实施。九龙坡区桃花溪、巴南区黄溪河等次级河流受流域生活污染、工业污染、养殖污染等影响，水体又黑又臭，经过整治，基本恢复了流域生态，水质消除了黑臭。

重庆水系较为发达，长江、嘉陵江、乌江“三江”流域分布约 600 多条流域面积在 50 平方千米以上的次级河流，其中流域面积 100 平方千米以上的就有 237 条。重庆次级河流属于典型的山区河流，流域面积大、河道长且弯曲、坡度陡，其洪水具有陡涨陡落、汇流时间短、流速快、洪峰流量大、水位变幅大、冲击力强等山洪特点。目前，根据次级河流水质情况和沿岸污染源分布情况，重庆纳入重点整治的次级河流总共有 21 条。重点整治次级河流受流域生活污染（约 30%～70%）、工业污染（约 10%～60%）、养殖业和农村面源（约 5%～25%）污染影响，河流水质不能稳定达到水域功能要求，部分河段水质黑臭明显，群众反映强烈。根据次级河流实际情况，重庆确定了次级河流整治思路，着力解决主要矛盾，突出整治重点，重点实施截污控源和污染严重河段清淤，实现消除黑臭或达到水域功能目标，并随着经济社会发展和城市建设需求，在统筹考虑生态修复的前提下，由区县因地制宜地逐步实施流域生态建设和景观建设。近年来，重庆按照确定的整治思路，强力推进，次级河流综合整治取得初步成效。

一、制定整治方案

根据各条河流区位以及污染源分布，制定21条河流“一河一策”整治实施方案，并由市政府印发实施。根据实施方案，主城区14条河流至2012年6月底，建设4座城市污水处理厂，总规模21万吨/日，污水干管126千米，污水收集管网148千米，15个片区三级管网；建设28座镇级和23座村级污水处理设施，总规模78 197吨/日；建设6个垃圾中转站，总规模990吨/日，29个镇级垃圾收运系统；清运老垃圾33万吨，老垃圾场封场4处；河道清淤204千米，562万立方米。生活污染治理是次级河流水环境综合治理的重点，通过以上工程措施，可以使流域生活污水处理率达到95%，生活垃圾收集处理率达到100%，消除污染物总量近50%。主城区以外7条河流：117个城镇污水处理厂，规模18.6万吨/日，管网374千米；集中居民点污水站43个，规模0.63万吨/日；49个收集转运站，686吨/日；垃圾填埋场5个，规模539吨/日；清理老垃圾61万吨；河道清淤96千米，清淤泥251万吨。

二、落实工作责任

由市政府与区县政府签订整治目标责任书，并由市政府办公厅分年度下达21条次级河流综合整治的目标任务，明确每个工业、养殖、生活污染整治项目的具体要求。

三、建立工作机制

市政府印发会议协调、信息通报、督查督办、资金保障、监督考核等次级河流综合整治工作推进机制和加快次级河流综合整治的工作意见，各区县采取“督导长”和“河段长”制度，由区县、镇街、村社党政领导分段包干负责，强力实施次级河流整治。

四、落实整治资金

明确了次级河流综合整治市、区（县）两级资金筹措方案，在积极争取国家资金支持的基础上，已安排 21 条次级河流综合整治地方债券 9 亿元，管网配套资金 2.59 亿元，同时安排地方债券 5 亿元，解决了次级河流整治资金难的问题。

五、强化督查考核

定期开展河流整治现场检查工作，定期在主要媒体通报项目进展和水质情况。开展次级河流综合整治项目推进和水质改善“双目标”考核，将考核结果纳入区县党政一把手环保实绩考核。

六、积极开展农村面源污染防治

加快无公害食品、绿色食品和有机食品基地建设，推广测土配方施肥，库区生态农业试点示范区县建设已扩大到 15 个。同时，按照“种养结合、生态养殖、以地定畜、资源综合利用”思路，调整畜禽养殖布局、养殖结构和养殖方式。对畜禽养殖散户，结合生态家园富民工程的实施，加强户用沼气池建设，近年来，三峡库区累计投入 4.76 亿元，发展农村户用沼气 53.14 万户，库区农村户用沼气占库区总农户的 15.5%；对专业养殖户，推进标准化畜禽养殖小区建设，配套建设沼气池或粪尿集中处理设施，实施污染相对集中治理；对规模化畜禽养殖，实施污染综合治理，建成畜禽养殖场沼气工程 550 处，促进畜禽粪污的资源化利用和无害化处理，形成了能源生态型和能源环保型等多种养殖场污染治理模式。严禁在三峡水库、饮用水水源保护区以及规划的非投饵性网箱养殖区内开展投饵性网箱养殖。

截至 2010 年底，21 条重点整治次级河流已完成 2 103 个整治项目，其中，完成了198个生活污染治理项目，关闭和治理企业541家、养殖场（户）1354家，完成河道清淤60千米、100万米^3，改造污水管道128千米，清运垃圾11万吨。通过推进次级河流综合整治，全市53条次级河流98个断面水质满足水域功能的比例达到84.7%，满足III类水质的比例达到81.5%。

第四节　城市及库区水污染整治

三峡库区是我国的淡水资源战略储备库，库区生态建设与环境保护工作的成效直接关系到三峡工程的安全运行，关系到库区特别是长江中下游生态安全，关系到南水北调等重大战略的实施。近年来，重庆市坚持以水质改善和饮用水水源保护为重点，大力推进实施《三峡库区及其上游水污染防治规划》和《重庆市碧水行动实施方案》，积极开展城镇生活污染整治、工业污染防治、船舶污染防治、次级河流综合整治等，加大库区水环境保护的力度，确保了库区水质稳定和环境安全。主要开展了以下工作：

一、大力推进环境基础设施建设

在国家的支持下，重庆市加快建设城市污水垃圾处理项目、主城排水三级管网建设和工业园区污染防治设施。全市建成50个城市污水处理厂和21个小城镇污水处理项目，建成32个城市垃圾处理场和16个小城镇垃圾处理项目。主城区垃圾焚烧项目初设通过国家概算审查，万州垃圾处理二期工程完成可研报告审查，建成4个工业园区废水处理厂。

二、加大库区工业污染防治力度

重庆市环保局制定了《工业项目环境准入规定》，防止有重大环境风险项目进入库区。制定相应政策引导工业企业向工业园区集中，坚持集中控制工业污染、集中防范工业项目环境风险。完成了淹没工矿企业搬迁调整任务，主城区 66 户企业完成环保搬迁任务。开展造纸、电镀、电解锰、碳酸锶等行业的专项整治，强化了化工行业环境安全检查。

三、加强库区饮用水水源保护

清理了饮用水水源保护区范围的所有工业污染源、市政排污口和餐饮娱乐船，完成了重庆市 500 人以上集中式饮用水水源保护区的划定工作。禁止在三峡库区水体水域进行网箱、网栏养殖，市级有关部门联合开展了三峡库区水产养殖专项执法行动；发布了《关于禁止销售和使用含磷洗涤剂的通告》，从 2003 年 1 月 1 日起开始在重庆市范围内禁止销售和使用含磷洗涤剂。据评估，通过“禁磷”，重庆市每年减少磷排放 3130 吨。根据《重庆市人民政府关于禁止销售和使用含磷洗涤剂的通告》（渝府发[2002]74 号，以下简称《禁磷通告》）以及市环保局、市工商局、市质监局、市经委、市商委《关于贯彻实施〈重庆市人民政府关于禁止销售和使用含磷洗涤剂的通告〉的通知》（渝环发[2002]230 号），自 2003 年 1 月以来，全市绝大部分区县（自治县、市）结合本地实际积极开展了“禁磷”工作。全市在短短两个多月时间内共发放“禁磷”宣传资料 3 万余份，出动执法人员 400 余人次，共检查了 3400 余家单位和个人，对违反《禁磷通告》的 400 余家单位和个人进行了查处，查封了大量含磷洗涤剂。各区县（自治县、市）都高度重视“禁磷”工作，通过电视、电台、报纸、宣传栏、宣传车、传单、标语等形式积极宣传《禁磷通告》，采取电视跟踪报道执法情况等方式，使广大市民对“禁磷”工作有更多的认识和了解，为全面“禁磷”奠定了坚实的群众基础。各区县（自治县、市）由政府组织或由环保部门牵头开展了“禁磷”联合执法检查，使无磷洗涤剂产品占领了主要市场。各区县（自治县、市）高度负责，积极采取了大量切实有效的措施，使当地的“禁磷”工作取得了显著的成效：江津市将“禁磷”工作全面深入到各乡镇，通过报纸、电台、电视、传单、制作录音带等方式宣传《禁磷通告》；江津市环保部门多次会同该市工商、质监等有关部门对销售、使用含磷洗涤剂的单位和个人进行调查摸底，联合清理、检查了1866家销售、使用洗涤剂的单位和个人（均进行了登记造册），共查出含磷洗涤剂8945.3千克，并对这些单位和个人给予警告；在随后的执法检查中，查处了124家仍在销售和使用洗涤剂的单位和个人，查封含磷洗涤剂900多千克，罚款1090元。云阳县成立了以分管县长为组长的“禁磷”工作领导小组，向全县65个镇（乡）、县级各部门转发了《禁磷通告》和《实施意见》中，要求各级干部在“禁磷”工作中做到三个带头（即带头宣传、带头支持、带头参与），并将“禁磷”工作作为一项重要内容纳入了城市环境综合整治中，进行定期和不定期的检查。渝北区将“禁磷”工作作为创国家环保模范城区的一项重要工作来抓，制定了实施方案，通过电视、报纸进行了连续半个月的宣传，并散发了大量的传单，使《禁磷通告》家喻户晓。其后，由分管副区长带队对销售、使用洗涤剂的情况进行了拉网式的执法检查。潼南、巫溪、石柱成立了以政府分管领导为组长的“禁磷”工作领导小组；潼南县领导发表了“禁磷”电视专题讲话；巫溪、奉节执法力度大，分别查封价值3万元和3000千克含磷洗涤剂，并对违反《禁磷通告》的单位和个人予以曝光；永川、南川、石柱均检查200家以上的单位和个人；万州开展了电视、报纸、图片、传单、抽奖、咨询等多种形式的宣传。

四、认真做好库底固体废物清理和漂浮物清捞

圆满完成三峡库区二、三、四期库底固体废物清理工作，清理处置生活垃圾306万吨，一般工业固废260万吨，清理危险废物1.9万吨，清理处置废放射源18枚。三峡水库蓄水以来，重庆市财政累计安排清漂经费1.46亿元，配备31艘机械化清漂船和27辆垃圾压缩式运输车，

市环保局持续开展库区漂浮物清理工作，累计打捞处置漂浮垃圾 72 万余吨；尤其在三峡工程 175 米试验性蓄水期间，重庆市组织了“万人清漂大突击活动”，2 个月清理漂浮物 10 万余吨，缓解了三峡坝前清漂压力，确保了库区蓄水的安全和水域的清洁。推进船舶废弃物集中处理和化学品运输船舶洗舱基地建设工程，在重庆主城区、万州区、巫山县等主要客运港区设置了固体垃圾接收站，库区 25 千瓦以上的运输船舶均配备了油水分离设备和污油水储存装置，1 300 余艘船舶安装了一体化生化处理装置。

五、积极推进次级河流污染综合整治

完成主城区桃花溪流域综合整治工作，水环境质量显著改善。清水溪综合整治工程取得阶段性成果。列入《三峡库区及其上游水污染防治规划（修订本）》（以下简称《规划（修订本）》）的 19 条支流整治工程正加快推进，8 条示范项目中，苎溪河和梁滩河已开工建设，濑溪河、桃花河两条次级河流综合整治项目已上报国家发改委审查概算，其余 4 条正在开展前期工作。

六、扎实开展库区船舶污染治理

新建造船舶全部安装了生活污水处理装置，老船舶分期分批实施治理。重庆市在重庆主城区、万州区、巫山县等主要客运港区设置了固体垃圾接收船舶，库区 25 千瓦以上的运输船舶已基本按要求配备了油水分离设备和污油水储存装置，约 600 艘船舶安装了一体化生化处理装置。

七、积极开展农村面源污染防治

加快无公害食品、绿色食品和有机食品基地建设，推广测土配方施肥，库区生态农业试点示范区县建设已扩大到 15 个。同时，按照“种养结合、生态养殖、以地定畜、资源综合利用”思路，调整畜禽养殖布局、养殖结构和养殖方式。对畜禽养殖散户，结合生态家园富民工程的实施，加强户用沼气池建设，近年来，三峡库区累计投入4.76亿元，发展农村户用沼气53.14万户，库区农村户用沼气占库区总农户的15.5%；对专业养殖户，推进标准化畜禽养殖小区建设，配套建设沼气池或粪尿集中处理设施，实施污染相对集中治理；对规模化畜禽养殖，实施污染综合治理，建成畜禽养殖场沼气工程550处，促进畜禽粪污的资源化利用和无害化处理，形成了能源生态型和能源环保型等多种养殖场污染治理模式。严禁在三峡水库、饮用水水源保护区以及规划的非投饵性网箱养殖区内开展投饵性网箱养殖。

八、推进实施消落带生态环境保护

重庆市环保局下发了《关于加强三峡水库消落区管理的通知》，加大了消落区管理力度；启动了消落区综合治理项目，开县调节坝、奉节胡家坝消落区生态环境整治工程相继开工建设；加强了消落区整治生物措施，启动了"三峡库区消落带生态恢复及综合整治技术与示范"和"三峡库区水土流失与面源污染控制试验示范"等科技支撑项目，开展了消落区耐淹植物栽培试验。

三峡工程蓄水以来，库区重庆段水环境质量总体保持稳定，长江、嘉陵江和乌江重庆段水质满足II类断面比例逐年上升。2009年，"三江"（长江、嘉陵江、乌江）重庆段水质保持稳定，水质属于II类和III类的断面比例分别为91.3%和8.7%。

第五节 工业废水处理

一、加大产业结构调整力度

制定了《工业项目准入规定》，严格环境准入，加快产业结构调整，结合三峡工程蓄水完成了库区1397家工业企业的搬迁和结构调整，关闭了不能稳定达标的造纸企业28家、碳酸锶企业14家、小电镀企业60多家。重庆三次产业结构由2005年的13.4∶45.1∶41.5调整为8.7∶55.3∶36，规模以上工业企业利润超过400亿元、增长2.8倍，万元生产总值能耗累计下降20.9%，主要污染物减排任务超额完成。以环境保护优化经济发展，引导企业进园区集聚、集约发展，“6+1”支柱产业集群发展壮大，以惠普、宏碁和富士康、英业达、广达为龙头的1亿台笔记本电脑生产基地强势崛起，汽车摩托车产值超过3000亿元，装备制造、化工医药、材料工业、轻纺工业产值均突破1000亿元，形成百亿级园区20个、百亿级企业15户。

二、实施主城区污染企业环保搬迁

为改善主城区环境质量和城市形象，重庆出台了财政税费返还、土地出让补偿、职工养老和医疗等多方面的环保搬迁优惠政策，启动5批共165户污染企业环保搬迁工作，已完成重庆主城区范围内113家工业企业环保搬迁工作，通过搬迁完成产业升级改造和污染治理设施完善。据统计，已搬迁的113户企业平均年销售收入比之前增长83%，平均年万元产值能耗下降64%；年削减化学需氧量8300余吨，年削减二氧化硫1.1万余吨，大部分企业实现了“搬大、搬强、搬活、消除污染和安全隐患”的目标。

三、加强工业园区污染防治工作

实施工业园区规划环评，全市48个工业园区82个组团大部分完成规划环评审查，全市138个工业集中区已有42个通过或正在开展规划环评。全市工业园区已投产或在建的2000余家企业中，环评执行率已达到98%以上，绝大部分均落实了环保“三同时”制度。80%以上的工业园区设置了环保管理机构或专职环境管理人员，70%以上的工业集中区配备了专职或兼职的环境管理人员。所有的工业园区均将污染集中处理设施建设纳入了园区发展规划，根据入园企业污水和工业固体废物排放情况适时建设相对集中的污水、工业固废处理设施以及配套污水收集管网。目前，全市已有 20 余个园区采取建设集中污水处理厂或依托城市污水处理厂的方式对污水进行了集中处理，另有 10 余个工业园区正在开展集中污水处理厂的建设工作。此外，重庆还建成了 2 座危险废物处置场，能满足全市工业园区危险废物的处置。在园区集约发展和集中控制污染方面，重庆长寿化工园区走在了全市前列。长寿化工园区始终贯彻环境保护一体化开发建设理念，积极开展环境保护及循环经济工作，通过采取一系列环境保护措施和手段，有效实现了园区“三废”的达标排放以及固体废物的依法处置，节能减排效果明显，环境保护成效显著。长寿化工园区污水治理采取两级治理模式：第一级是企业建设污水处理站，对自己产生的污水进行预处理，使其特征污染因子达一级、常规污染因子达三级排放标准；第二级是建设化工园区污水处理厂，集中处理园区企业污水，达一级排放标准后排入长江。为解决园区企业污水治理问题，化工园区投资约 1 500 万元，建设完成长约 4 000 米的污水管网及一座 600 米^{3}的污水调节池；同时，引进重庆中环水务有限责任公司投资建设园区二级污水处理厂。该厂近期规划污水治理能力为 4 万吨/日，远期规划污水治理能力为 8 万吨/日，并可根据园区发展情况，适时扩大污水治理能力。截至 2007 年 7 月，中环水务已投资近 2 亿元，建成投运园区公共污水管道长约 7 000 米、日处理工业污水能力 2 万吨的污水处理线（一期工程），目前运行状态良好，具备年削减有机污染物 2 880 吨的能力。目前，中环水务污水处理厂实际处理废水约 8 000 吨/日，年实际减排有机污染物约 1 200 吨。二期工程已完成基础及构筑物工程，预计近期可建成投用。届时，园区污水处理能力可达 4 万吨/日，完全能满足园区企业对污水处理设施的需要。为解决长寿化工园区企业产生的大量危险废弃物，园区引进了重庆创绿环保有限公司在园区投资建设危险废物处置场，集中治理园区及周边地区企业的危险废物。该项目已于2007年底建成，其设计能力为：固化填埋70吨/日，焚烧50吨/日，总投资约1.5亿元。长寿化工园区还规划建设化工园区一般工业固体废物处置场，项目规划占地面积约33公顷，日填埋一般工业固体废物约20万立方米，先期投资约7 000万元，拟引进中石化川维厂投资建设。项目建成后，可有效解决园区一般工业固体废物问题。在环境风险防范方面，采取“多级防控”，防止环境污染事故发生。长寿化工园区还积极开展园区循环经济工作，推动节能减排，实现园区可持续发展，在开发建设中，始终坚持“科学发展观，走新型工业化道路，大力发展循环经济，努力把园区建设成为一个布局合理、结构优化、设施配套、科技密集、环境友好的国家级循环经济示范园区”的发展思路和“一次科学规划、分步适时实施”的指导思想，积极开展循环经济工作，编制了《重庆（长寿）化工园区循环经济工作方案》，规划、制订化工园区发展循环经济的指导思想和总目标，以此指导园区循环经济工作的开展，充分利用本区域丰富的自然资源，建立以天然气化工、石油化工、生物化工、氯碱化工、精细化工和新材料为重点的产业集群，大力发展与之相耦合的深加工项目，形成完整的“上、中、下游”产品链发展模式，实现资源和废物的有效利用，从源头控制污染物产生，实现园区环保；推动入园企业开展清洁生产，使用先进的生产装备，强化各生产过程的管理，减少生产过程的跑冒滴漏，减少废水、废气产生和进入环境数量，从而实现环保；推动园区企业开展循环经济工作，减少废物排放。目前已有环球石化、建滔、云天化、康乐药业、长杨热能等企业编制了循环经济工作方案，进一步工作正在逐步实施之中。

四、强化工业企业环境监管

开展了全市造纸、电镀、电解锰、碳酸锶、重金属等行业的专项整治，制订了主城区工业企业达标工作方案，对不能稳定达标的企业实施限期治理，对企业环境违法行为启动“按日累加处罚”，督促184家水污染物排放企业安装了在线监测、监控装置，确保工业企业达标排放。

第四章 固体废物处理

重庆市委、市政府努力践行科学发展观，贯彻党的十七届四中全会精神，认真贯彻执行固体废物污染环境防治法律法规。市环保局与有关部门大力配合，加强固体废物日常监管，实施危险废物全过程管理，建立化学品环境常态化监管；完善城区土地污染防治多部门工作协调机制和信息通报机制，严把污染场地环境管理关口；促进固体废物资源化利用，推进危险废物、医疗废物处置设施建设。固体废物环境管理工作取得明显成效，与往年相比生活垃圾无害化处理率、固体废物综合利用率和危险废物处置利用率逐年提升。

第一节 农业固体废物处理

积极推进无公害地膜和可回收地膜的使用。在农村地区建设垃圾收运系统，实现村收集、镇转运和县处理，减少农村固废随意丢弃；严格环境准入，要求新建企业履行“三同时”制度，严防污染向农村转移。

2009 年，全市累计处理处置畜禽养殖排放粪便 4 324 万吨，农用薄膜 3.47 万吨，防治农业固体废物取得积极成效。

第二节　工业废弃物处理

一、一般工业固废的定义及危害

一般工业固废是指工业生产活动中产生的，未被列入《国家危险废物名录》或者根据国家规定的危险废物鉴别标准和鉴别方法判定不具有危险特性的工业固体废物。根据《一般工业固体废物贮存、处置场污染控制标准》（GB 18599—2001）中对一般工业固废的定义，又可以将其分为Ⅰ类一般工业固废和Ⅱ类一般工业固废。Ⅰ类一般工业固废是指按照 GB 5086 规定方法进行浸出试验而获得的浸出液中，任何一种污染物的浓度均未超过 GB 8978 最高允许排放浓度，且 pH 在 6～9 范围之内的一般工业固体废物。Ⅱ类一般工业固废是指按照 GB 5086 规定方法进行浸出试验而获得的浸出液中，有一种或一种以上的污染物浓度超过 GB 8978 最高允许排放浓度，或者是 pH 在 6～9 范围之外的一般工业固体废物。

一般工业固废对环境的危害虽然没有危险废物那么巨大，但是随意堆放，仍会对环境造成危害，主要体现在以下几个方面。

（一）侵占土地、污染土壤

每年我国都会产生大量的工业固废，堆放这些废物需要占用大量的场地，在自然界风化的作用下，到处流散，尤其是有些工业固废，会使土壤受到污染，污染物转入农作物或水体，会对人类健康造成危害。

（二）污染水体

工业固废对水体的污染主要是通过四种途径：人为倾倒、随风飘入、雨水淋溶、渗入地下水。一般工业固废尤其是化工废渣不做任何处理直接进入水体，会造成更为严重的水体污染。

（三）大气污染

工业固废在堆放过程中，在温度、水分的作用下，粉尘及某些物质扩散进入大气中，对大气造成污染，从而造成环境危害。

二、从强化管理入手，推进工业固体废物处理

（一）加强日常监管

目前重庆市对一般工业固废的管理是按照国家颁布的《中华人民共和国固体废物污染环境防治法》中对于工业废物的相关规定执行。对工业固废实行全过程管理，任何单位不得生产、销售、进口或者使用列入淘汰名录的落后生产工艺和落后设备，从源头上减少工业固废的产生量。对于所产生的工业固废实行申报制度，产生工业固废的单位必须按照环保部的规定，向所在地区县环保部门提供工业固体废物的种类、产生量、流向、贮存、处置等有关资料。

（二）严格行政审批

根据《中华人民共和国固体废物污染环境防治法》，对于转移出重庆市辖区的一般工业固废严格执行固体废物转移许可审批制度。转移一般工业固废出重庆市辖区进行贮存、处置的企业，必须向重庆市环保局提出申请，重庆市环保局接到申请后经过与接收地省级环保部门协商同意后，方可做出审批。

（三）完成三峡库区库底堆存工业固废清理工作

三峡水库库底清理是三峡工程建设的一项重要工作，固体废物清理又是其中重要组成部分，涉及面广、情况复杂、任务繁重、责任重大。

固体废物清理直接关系到三峡库区及下游水环境质量、水库发电、航运安全和重大疫情控制。

为了保证三峡水库能够按期蓄水发电，重庆市先后完成了对三峡工程二、三、四期蓄水重庆库区库底固体废物清理工作，对万州区、涪陵区等 16 个区县（自治县）库底堆存的一般工业固废进行了全面清理，并通过国家验收。其中计划清理量 257.89 万吨（其中清运量 26.73 万吨，就地处置量 231.16 万吨）；实际清理 260.49 万吨（其中清运 22.61 万吨，就地处置 237.88 万吨）。实际清理量为计划的 101%，确保三峡工程按期蓄水发电及库区水质安全。

（四）开展了碳酸锶生产固废专项调查

2008 年 7 月，共出动 82 人次，对渝西片区 15 家关闭企业，6 家碳酸锶生产企业，3 家碳酸锶深加工企业开展固体废物污染专项调查。

此次检查采取查看企业废渣处置情况、渣场污染防治设施、渣场周边环境，查阅相关记录以及走访周边居民的方式进行现场调查。在检查中，对渣场废渣、渣场周边土壤等进行了采样，送市环境监测中心测定，并针对检查情况和监测结果进行技术分析和综合评估。通过此次检查，基本摸清重庆市渝西片区碳酸锶行业固体废物污染状况，并提出了“一厂一策”的固体废物管理要求和整治方案。

（五）强化尾矿库环境安全专项整治

2008 年，按照重庆市政府办公厅《关于立即开展矿山安全专项整治工作的紧急通知》，以及《重庆市环境保护局关于重庆市尾矿库环境安全专整治工作方案》，要求各区县环保部门在当地政府的统一领导下，全面开展辖区内的尾矿库环境安全隐患排查及督促整改工作，对存在的环境安全隐患进行评价，并分类进行整改。10 月上旬，市环保局组织 10 个督查小组，对 40 个区县（自治县）、高新区、经开区尾矿库环境安全隐患自查工作进行检查，同时抽查了区县（自治县）部分企业，对工作开展不力的区县（自治县）进行督促，对存在环境安全隐患的企业提出了分类整改要求或处罚。在此次专项整治工作中，共排查尾矿库 600 余处、下达限期整改 75 家。下一步重庆市将建立重庆市范围的尾矿库环境安全隐患数据库，强化源头管理，加强日常监管；对存在重大环境安全隐患的单位立即下达限期整治任务，对逾期未完成的单位报请当地政府依法予以关停，彻底消除环境安全隐患。

第三节　城市垃圾处理

一、城市垃圾污染防治管理

为了引导城市生活垃圾处理及污染防治技术发展，提高城市生活垃圾处理技术水平，促进社会、经济和环境的可持续发展，我国先后颁布了《中华人民共和国固体废物污染环境防治法》、《城市生活垃圾处理及污染防治技术政策》、《生活垃圾填埋场污染控制标准》（GB 16889—2008）、《生活垃圾焚烧污染控制标准》（GB 18485—2001）以及《城镇垃圾农用控制标准》（GB 8172—87）等法律法规以及技术标准，为城市垃圾污染防治管理提供了管理依据。

我国对城市生活垃圾的管理遵循的是“减量化、资源化、无害化”的原则，对垃圾产生实行全过程管理，从源头减少垃圾的产生。对于已产生的垃圾，积极进行无害化处理和回收利用，防止环境污染。

二、城市垃圾的管理

（一）城市生活垃圾的管理现状

重庆市大力推行生活垃圾分类收集处置处理，对城市垃圾分类收集做了大量的宣传和硬件设施准备工作，加快建立完善再生资源回收网络与再利用网络体系。但是由于市民传统的垃圾弃置习惯尚未彻底转变，总体而言，采用的垃圾收运方式仍然是混合收运。混合收集方法是将各种垃圾（包括有机物、无机物，可回收的废品，还有部分有害物质，如干电池、废油等）未经分类直接混合进入垃圾。

由于经济发展落后和技术条件限制等原因，2003 年之前重庆市没有一个规范的垃圾无害化处理场。大部分生活垃圾都沿用落后的处理方式：简易填埋、简易焚烧或有组织或无组织地倾倒在江边，利用河水的涨落将垃圾冲到下游，对生态环境造成了极大危害。

随着 2003 年 7 月 1 日长生桥生活垃圾填埋场投入运营，重庆市的城市生活垃圾开始采用无害化处理的方式。截至目前，重庆市已建成垃圾处理场 50 个，处理能力达到 1.08 万吨/日。主城区已建有 2 座现代化的卫生填埋场和一座垃圾焚烧发电厂，无论从技术上还是规模上来讲，在国内同类项目中都是比较好的。重庆市所产生的大部分城市垃圾都已经实现无害化处理，随着重庆市对小城镇垃圾处理设施的投入，城市垃圾全部无害化处理的目标能够逐步实现。

（二）三峡库区淹没区堆存垃圾清理

由于受经济条件所限和生活习惯的影响，长期以来，三峡库区城镇的生活垃圾基本上采用露天堆放，自然填沟或填坑的简单方式，甚至沿长江干流及支流两岸自然堆放，沿江倾倒，造成江面垃圾增加，长江水质污染，对三峡环境造成极大威胁。为了保护三峡水库蓄水后的水质安全，对重庆市境内三峡水库坝前 175 米加 2 米风浪线按 20 年一遇洪水回水线以下的淹没区域内堆存的生活垃圾进行了排查和清理，计划清理量 288.96 万吨（其中清运 138.78 万吨、就地处置 150.18 万吨），实际清理 306.93 万吨（清运 137.27 万吨、就地处置 169.66 万吨），完成率 106.22%，确保三峡水库按期蓄水发电以及库区水质安全。

第四节　危险废物处理和管理

一、危险废物及其危害性

（一）危险废物

《中华人民共和国固体废物污染环境防治法》规定，危险废物是指列入国家危险废物名录或者根据国家规定的危险废物鉴别标准和鉴别方法认定的具有危险特性的固体废物。危险废物包括固态、半固态（泥态）、液态和置于容器中的气态废物，排入水体的废水和排入大气的废气不属于危险废物的管理范畴。国家对放射性废物有专门的管理规定，并由专门的管理部门对其进行管理，因此不纳入危险废物管理范围。

根据《中华人民共和国固体废物污染环境防治法》中的相关规定，家庭日常生活中产生的废药品及其包装物、废杀虫剂、消毒剂及其包装物、废油漆和溶剂及其包装物、废矿物油及其包装物、废胶片及废相纸、废荧光灯管、废温度计、废血压计、废镍镉电池和氧化汞电池及电子类危险废物等，可以不按照危险废物进行管理。如果以上废弃物从生活垃圾中分类收集后，其运输、贮存、利用或者处置，按照危险废物进行管理。

《医疗废物管理条例》中规定，医疗废物是指医疗卫生机构在医疗、预防、保健以及其他相关活动中产生的具有直接或者间接感染性、毒性以及其他危害性的废物。根据《国家危险废物名录》中的有关规定，医疗废物也属于危险废物。

电子废物是指废弃的电子电器产品、电子电器设备（以下简称产品或者设备）及其废弃零部件、元器件和环境保护部会同有关部门规定纳入电子废物管理的物品、物质。包括工业生产活动中产生的报废产品或者设备、报废的半成品和下脚料，产品或者设备维修、翻新、再制造过程产生的报废品，日常生活或者为日常生活提供服务的活动中废弃的产品或者设备以及法律法规禁止生产或者进口的产品或者设备。

（二）危险废物的危害特性

危险废物的危害特性是指危险废物具有的特殊危害性质，主要是毒害性、腐蚀性、易燃性、反应性和传染性等。许多危险废物的危险性质不是单一的一种，除了具有污染环境的有毒有害性质外，有的危险废物有多种对环境造成危害的危险性质。

（三）危险废物对环境的污染和对人体的危害

1. 危险废物环境污染的特征

危险废物如果处理处置不当，其中有害的化学物质、病原微生物等可通过大气、土壤、地表或者地下水进入生态系统，形成化学物质型污染和病原型污染，对人体产生危害，同时破坏生态环境，导致不可逆生态变化。危险废物的环境污染不同于水、大气。水和大气的污染直接污染环境，危害人类健康，而危险废物是通过水、大气、土壤等途径进入环境，形成和产生污染的。

危险废物的环境污染一般具有以下一些特征：

①影响范围大。危险废物环境污染涉及的地区广、人口多，而且接触污染的人群广泛，包括男、女、老、幼，甚至胎儿。

②作用时间长。接触者长时间（甚至 24 小时）地暴露在被污染的环境中。

③污染情况复杂。进入环境的污染物，受大气和水体的稀释，虽然浓度降低，但由于环境中存在的污染物种类多，它们不但可通过理化或生物作用发生转化、降解和富集而改变原有性状和浓度，产生不同的危

害作用，而且多种污染物同时作用于人体，往往产生复杂的联合作用。

④污染难治理。被污染的环境，要想恢复原状，不但耗费大量的人力、物力、财力，而且难以奏效，甚至有重新污染的可能。

2．对人体的危害

危险废物对人体健康的危害，是一个十分复杂的问题。当污染物在短时间内通过空气、水、食物链等做介质进入人体时，往往造成危害；如果小剂量污染物持续不断地侵入人体，则需要经过较长时间才能显露出对人体的危害；这些危害甚至会影响子孙后代的健康。所以危险废物的环境污染对人体健康的危害包括急性危害、慢性危害和远期危害。

二、危险废物污染防治管理

（一）危险废物污染防治管理原则

根据《中华人民共和国环境保护法》、《中华人民共和国固体废物污染环境防治法》和联合国《控制危险废物越境转移及其处置巴塞尔公约》的规定要求，我国危险废物污染环境防治总的指导原则是实行重点防治和严格管理的原则。

危险废物占工业固废总量的 5%～10%，但种类繁多，性质复杂，对人体健康和环境有着严重的危害，必须将其作为污染物防治和法律控制的重点，应对其提出比一般废物污染防治更为严格的要求，采取更为严厉的法律制度和更为严格的法律措施，在法律上作为更为严格的特别规定。

（二）危险废物污染防治管理制度

为了体现对危险废物污染环境实行重点防治和严格管理的法律精

神和原则，在危险废物污染防治管理工作中，除了要遵守执行固体废物管理的一般性制度外，还要遵守执行一些特别的管理制度，这些制度包括危险废物经营许可证制度、危险废物转移联单制度。

1. 危险废物经营许可证制度

危险废物的危险特性决定了并非任何单位和个人都可以从事危险废物的收集、贮存、处置等经营活动。从事此类经营活动的单位，必须要具备专业技术条件，具有相应的管理和操作、经营能力，拥有相应的处置设备和设施；从事此类活动单位的工作人员也必须具有一定的专业技术知识和能力，即从事此类活动的单位及其工作人员都必须具备一定的专门性的资格条件，否则有可能在收集、贮存和处置过程中对环境造成污染危害。对危险废物经营活动实行许可证管制，是法律限制措施的重要形式和依法实施、加强监督管理的重要手段。

2. 危险废物转移联单制度

危险废物转移联单制度，又称转移报告单或危险废物流向报告单制度，是指在危险废物转移时，其转移者、运输者和接受者，不论各环节涉及者数量多寡，均应按国家规定的统一格式、条件和要求，对所交接、运输的危险废物如实进行转移报告单的填报登记，并按程序和期限向有关环境保护部门报告。

三、重庆市危险废物污染防治管理

（一）组织建设危险废物处理处置设施及企业

1. 危险废物处置设施建设

在重庆市环保部门的积极推进下，2008 年壁山和长寿两个危险废物处置场基本建设完工。两座危险废物处置场的年处置能力达 5.15 万吨，主要包括焚烧装置、填埋场和污水处理站等设施，投入运行后将为重庆经济圈、渝西经济走廊和三峡生态经济区提供危险废物运输、贮存、处置服务，极大增强了重庆市危险废物处置能力。

2．医疗废物处置设施建设

重庆市目前除主城区已建成同兴医疗垃圾焚烧厂，负责对主城九区内所产生的医疗垃圾进行处置外，永川、万州、涪陵也已建成医疗废物处理中心。这些医疗废物集中处置设施取得了《危险废物经营许可证》，年处置医疗废物能力为 8 395 吨。目前黔江地区的医疗废物处理中心也在积极筹备中。这些区域性集中医疗废物处理中心的建成为重庆市医疗废物的安全处理提供了保障。

（二）加强日常管理工作

重庆市在落实各项危险废物管理法规、危险废物管理机构和危险废物处理处置机构的基础上开展了一系列的危险废物管理工作。

1．转移审批及转移联单管理

重庆市所产生的危险废物从产生、收集、贮存、运输到利用、处理、处置转移的全过程，实行了转移联单制度，从而对危险废物的转移有效地进行了监督管理。与此同时，开展危废转移网上申报与审批的论证；力争做到所有危险废物产生单位执行危险废物转移审批和危险废物转移联单制度；指导区县环保局规范执行危险废物辖区转移审批制度，提高审批速度；开展了电子转移联单试点工作。

2008 年重庆市共转移审批 344 件，其中退件 2 件，批准市内转移 290 件，一次性转移 51 件，跨省转移 3 件。共发放危险废物转移联单 3 755 份，发放区县环保局医疗废物转移联单 8 430 份；2008 年共批准转移危险废物 22.5 万吨，实际转移危险废物 18.8 万吨。

2. 危险废物经营许可证管理

2004 年《危险废物经营许可证管理办法》（以下简称《办法》）正式施行后，市环保局立即根据《办法》规定的危险废物经营许可条件结合重庆市实际，开始探索危险废物经营许可证审批的条件和程序，明确开展危险废物经营能力及环境风险评估，提高审批质量。2004 年市环保局对重庆市固体废物管理服务中心和重庆天志环保有限公司发放了经营 46 种危险废物的许可证，其目的是对重庆市危险废物进行规范的收集、贮存、预处理及处置，为重庆市危险废物管理工作提供技术支撑和服务。同时，为保护水环境安全和人民群众身体健康，市环保局又对重庆同兴医疗废物处理有限公司发放了经营医疗废物的许可证。从此，重庆市执行危险废物经营许可证制度开始走上正轨。

2005 年 4 月 1 日，新修订的《中华人民共和国固体废物污染环境防治法》（以下简称《固废法》）生效实施，将危险废物利用活动纳入危险废物经营许可证管理制度并提高危险废物收集、贮存、利用、处置经营许可证的审批权限。市环保局认真贯彻新修订的《固废法》，全面推行危险废物经营许可证制度。从 2005 年至 2007 年，先后对经营较混乱和不规范的感光材料废物、废铅酸蓄电池和危险废物废包装桶的利用处置单位开展了专项环境整治工作。要求相关经营单位按照危险废物经营许可证审批条件进行限期整改，并为符合危险废物经营许可条件的单位颁发了许可证，提高了有关单位的环保意识，改进了污染防治设备，完善了危险废物利用和处置的管理制度，起到了规范危险废物经营活动的作用。截至 2008 年年底，重庆市共发放危险废物综合经营许可证 23 个。

为提高行政审批效率和科学性，重庆市根据《办法》的规定，结合本市实际确定了危险废物经营许可证的申请条件和审批程序，确立了固废管理中心技术审查、污控处审核、分管局长签发、重点项目局务会审定的审批流程。还在审批中建立了技术审查和专家评审制度，提高了许可审批的科学性。同时，根据便民行政原则，优化审批程序、缩短审批时间，将《办法》规定的审批时限由20个工作日减到15个工作日，并围绕危险废物经营许可证审批建立了相关廉政制度，规范了审批人员和评审专家的行为，以保证危险废物经营许可证核发的公平性和公正性。

在逐步规范重庆市危险废物综合经营活动的基础上，市环保局按照新修订的《固废法》要求，从2006年开始将危险废物收集经营许可证的审批权力下放给各区县环保部门，推进危险废物收集经营许可证的发放工作。为此，市环保局下发了渝环发[2006]94号文明确了危险废物收集经营许可证的审批条件和审批程序，以指导各区县发放危险废物收集经营许可证。截至2008年年底，重庆市各区县共发放危险废物收集经营许可证11个。

危险废物经营单位处置、利用设施建成后一般需要利用危险废物进行3～6个月的试生产，而此时按照《办法》中规定发放有效期5年的经营许可证显然不合适。为解决危险废物经营单位在试生产期间利用危险废物的问题，重庆市在严格执行《固废法》和《办法》的基础上，结合实际对处于试生产阶段的单位发放危险废物经营临时许可证，既加强了对危险废物的监管，也为企业提供了必要的支持。

3. 危险废物产生机构监管

分工实行片区管理为主的原则，对重庆市区县共划分为8个片区，明确专人负责对片区内的重点危险废物污染源开展管理工作，对于位置敏感、较为典型、存在较大环境风险等特性的危险废物污染源实施“一源一策”的专门管理。

重庆市各区县环保局确定了专人负责医疗废物的环境监管工作，定期对辖区内医疗机构医疗废物管理情况进行检查，市环保局对部队医院、市级医院等大型医疗机构实行不定期抽查。重点检查医疗废物转移审批制度及转移联单制度执行情况，医疗废物分类收集、暂存情况、暂存间消毒记录、交接记录等；严厉打击违规处置医疗废物、倒卖医疗废物等的违法行为。对重庆市医疗机构的医疗废物管理进行了集中检查，对医疗废物混入生活垃圾中处理、未按时报送转移联单、医疗废物流失等违法行为进行了行政处罚。

4．危险废物集中处置机构监管

持有《危险废物经营许可证》的单位是市、区两级环保部门的重点监管单位。环保部门每月对危险废物集中处置单位进行监督检查，重点检查危险废物收运、暂存、处置情况及记录，设备运行记录，危险废物管理台账记录，转移联单执行情况，应急预案落实情况等，督促其认真执行危险废物月报、年报制度。对现场检查发现的问题下达限期整改，对违法行为进行查处，督促安全处置危险废物，确保环境安全。

5．电子废物管理

根据《废弃电器电子产品回收处理管理条例》中的相关规定，积极推进重庆市电子废物管理。目前重庆市已对电子废物回收处理企业进行了招标，重庆中天环保产业（集团）有限公司中标，目前电子废物处理场的选址以及建设正在筹备中。重庆市对电子废物的下一步管理工作将根据国家对电子废物管理制定的有关政策法规展开。

（三）三峡库区库底清库

为了保护三峡库区蓄水后水环境的安全，根据三峡水库蓄水进度要求，对重庆市三峡库区库底堆存的危险废物进行了排查和清理，二、三、四期计划清理量为 19 244.544 吨，实际清理 20 260.644 吨，实际清理量为计划的 105.3%，按时完成了清理任务，并通过国家验收，有力保障了三峡水库的环境安全。

（四）开展危险废物管理台账试点工作

危险废物产生单位建立台账，是危险废物申报登记制度的基础，是产生单位管理危险废物的重要依据，有利于夯实重庆市危险废物环境管理基础，进一步提高重庆市危险废物环境管理水平，确保环境安全。

2008 年，环保部将重庆市确定为全国开展危险废物产生单位建立台账试点地区。按照国家有关文件要求，结合重庆市实际情况，确定重庆市医药化工、摩托车制造、汽车制造、有色金属压延加工、危险废物集中处理行业的 25 家企业作为危险废物管理台账试点单位。经过近一年的试点工作，初步建立了重庆市的危险废物管理台账模式，积累了工作经验，达到了试点目的。

2009 年，环保部再次将重庆市确定为全国开展危险废物产生单位建立台账二期试点地区。考虑到重庆市再选择一些行业和企业进行试点有重复第一期试点工作的可能，为深化重庆市危险废物环境管理基础，依据 2007 年的第一次全国污染源普查结果，在总结一期台账试点工作的基础上，在重庆市全面开展危险废物产生单位建立台账工作。此项工作的开展，将有利于重庆市危险废物的规范化管理，保障环境安全。

第五节　有毒化学品处理和管理

一、完善制度，健全机构

危险化学品环境管理，制度建设至关重要。在国家法规不完善的情况下，重庆市开展了开创性的工作。2006 年 7 月市委、市政府颁发的《关于加强环境保护若干问题的决定》，确立了一系列加强危险化学品环境风险防范工作的制度。包括：环境安全监督检查制度、环境安全隐患报告制度、突发环境事件应急制度、环境污染和生态破坏事故报告制度及通报制度等。2007 年市人大审议通过的《重庆市环境保护条例》增加了大量与危险化学品环境风险防范有关的规定。这些都为重庆市危险化学品环境风险防范和应急体系建立提供了制度保证。

同时，为加强重庆市危险化学品环境风险防范，市环保系统内部职能也进行了整合。2006 年成立了市固体废物管理中心，专门从事危险化学品环境监督管理，之后各区县环保局也确定兼职人员管理危险化学品。重庆市危险化学品环境管理体系初步建立，监管能力有所加强。

二、强化建设项目环境风险管理

重庆市环保系统一直对涉及危险化学品的建设项目严格执行环境影响评价制度。2004 年《建设项目环境风险评价技术导则》（HJ/T 169—2004）出台后，重庆市各级环保部门要求危险化学品单位必须开展环境风险评价。对涉及危险化学品的批准项目要求其采用先进的生产工艺、技术和设备，提高生产的稳定性和安全性，同时提高风险管理水平和应急能力，以消除或减低环境风险。并把好环保验收关，要求环境风险防范措施必须落实才能通过环保验收。

2005—2006 年市环保局根据原国家环保总局要求，对 2001 年以来已批复的所有建设项目环境风险进行了全面排查。对有环境风险隐患的 80 多个危险化学品建设项目补作环境风险评价，并落实环境风险防范的有关措施，以有效消除这些建设项目潜在的环境隐患。

三、积极探索，强化监管

（一）开展调查，夯实工作基础

为摸清危险化学品家底，2006 年市环保局配合市安监局对重庆市危化品单位开展全面普查，初步掌握了重庆市 4729 家危险化学品单位的基本情况；2007—2009年对重庆市293家重点危险化学品单位建立数据库，并逐步进行更新。其中169家危险化学品单位环境基础信息与市环保局GIS系统结合，为研究危险化学品环境安全管理方法和管理存在的问题提供了可靠依据，为危险化学品的全过程监管和事故应急打下了基础。

（二）建立监管体系，推动监管工作

通过建立“分级管理、属地管理”相结合的市、区（县）两级危险化学品环境安全监管体系，市环保系统进一步明确了危险化学品环境风险防范责任和主要工作方向，通过改进考核方法调动重庆市环保系统的工作积极性。同时，采取现场检查、实地指导、及时督导等多种方式对区县环保局工作加强业务领导；并以专家指导、现场观摩、经验交流等形式对区县环保局危险化学品环境安全监管工作人员进行培训，以提高其业务水平。

（三）建立排查制度，及时消除隐患

重庆市环保系统每年都对危险化学品单位持续开展环境安全隐患排查，建立了环境安全隐患检查制度。特别是在重大节假日、汛期、第四季度、中高考期间重庆市环保系统均投入大量人力进行拉网式排查，监督相关单位及时消除隐患，切实保障人民群众的环境安全，促进经济健康的发展。

（四）以应急预案为抓手，督促企业落实措施

重庆市环保系统以完善突发环境事件应急预案为重要管理抓手，督促危险化学品企业落实环境风险防范措施。根据原国家环保总局《危险废物经营单位编制应急预案指南》和市环保局《重庆市危化品单位突发环境应急预案编制指南》（试行），对重庆市危险化学品企业开展了指导工作。2006—2009年，重庆市300多家危险化学品企业完成了突发环境

事件应急预案备案。通过这些应急预案的实施，帮助相关企业进一步认识了危险化学品环境风险、采取环境风险防范措施，提高应急能力。

四、加强应急能力建设

（一）加强了环境应急支撑体系的建设

重庆市环保局建立了应急专家、应急监测数据和污染源地理信息库，编制了重庆市环境事件应急指挥系统、应急监测设备调用及危化品处置查询系统、重庆市环境应急监测管理系统等软件。搭建了以“12369”中心为基础的环境应急处置指挥平台，实现环境应急事件受理、甄别、指挥、预案管理、地理位置、周边环境、厂区平面图查询、文件传输等功能，使环境应急响应更加科学、快速。

（二）提高环境应急能力

在环保部和市政府的支持下，重庆市环保系统投入大量资金，编制并实施重庆市环境监测预警体系建设项目，2006—2008 年累计投入 4 600 余万元，加强环境应急指挥、监察、监测、预警的环境应急设备的现代化建设，使环保系统处理突发性环境事件的能力逐步加强。目前，重庆市环保系统拥有各类环境应急监测与防护设备 780 台套、专用环境应急指挥和监测车 13 辆，初步形成了对空气、水、固废、土壤中有毒物质进行快速监测的能力。

第六节　放射性废物处置

一、放射性废物管理

放射性废物管理包括放射性废物的预处理、处理、整备、运输、贮存和处置在内的所有行政管理和运行活动，通常把有潜在利用价值的放射性污染设备与材料的管理以及退役与环境整治也包括在放射性废物管理范围内。

从 20 世纪中下叶，国际组织就开始重视核活动带来的核废物和废旧放射源管理工作，国际原子能机构（IAEA）1995 年发布了成员国都必须遵守执行的放射性废物管理原则。

（一）管理原则与处置要求

（1）废物管理以安全为目的，以处置为核心。遵循“减少产生、分类收集、净化浓缩、减容固化、严格包装、安全运输、就地暂存、集中处置、控制排放、加强监测”的方针。

（2）放射性废物管理应当遵守国家法律法规和标准；必须确保对人类健康及环境可能造成的危害降低到可以接受的水平；必须使预测的对后代健康影响不超过当前可以接受的水平，确保不给后代增加不适当的负担。

（3）放射性废物的产生必须保持在实际可行的最低限度；放射性废物管理设施必须确保其使用寿期内的安全；必须考虑超越国界可能对人类健康和环境的影响。

（4）低、中放废物实行近地表处置，高放废物应集中深地质处置。放射性同位素和辐射技术应用中产生的低放固体废物（包括废放射源）应分类收集在专门的放射性废物容器中，送交专门从事放射性固体废物贮存、处置的单位存放或在符合国家规定的区域实行近地表处置；高放废物（包括不经后处理而直接处置的乏燃料）和超铀废物，应实行集中的深地质（在地下深处合适的地质体中建库）处置；禁止在内河水域和海洋上处置放射性固体废物。

（5）产生放射性废物的单位应具有确保放射性废气、废液、固体废物达标排放的处理能力或者可行的处理方案，采取各种必要措施，尽量减少放射性废物的产生量或减小体积。

（6）生产、使用放射性同位素的单位，应当对其产生的放射性废物进行收集、包装和送贮（处）前的暂存；生产放射源的单位，应当回收和利用废旧放射源；使用放射源的单位，应当将废旧放射源交回生产放射源的单位或者送交专门从事放射性固体废物贮存、处置的单位。

（7）生产、销售、使用放射性同位素和射线装置的单位需要终止的，应当事先对本单位的放射性同位素和放射性废物进行清理登记，作出妥善处理，不得留有安全隐患。

（8）向环境排放放射性废气、废液，必须符合国家放射性污染防治标准，其排放方式必须符合国家有关规定，向环境排放的放射性物质的量和浓度必须低于环境保护主管部门规定的排放限值；禁止利用渗井、渗坑、天然裂隙、溶洞或者国家禁止的其他方式排放放射性废液。

（二）城市放射性废物管理规定

一切产生放射性废物的实践应设立相应的放射性废物收集、处理系统。并高度重视保护环境，积极改进工艺流程，尽量采取先进技术，力求减少和减小放射性废物的产生量或体积。需要在环境处置的各类放射性废物，必须按国家有关规定进行处置。

（1）含人工放射性核素的比活度大于 2×10^4 贝可/千克，或含天然放射性核素的比活度大于 7.4×10^6 贝可/千克的污染物，应作为放射性废物进行管理。小于此水平的放射性污染物应妥善处置。表面污染水平超过国家标准规定限值又不进一步去污利用的污染物，视污染的具体情况，或作放射性废物送贮，或妥善处置。

（2）产生放射性废物的单位不得自行在环境中处置放射性废物和废放射源，必须由城市放射性废物管理单位集中回收、处理。

（3）放射性废物和废放射源在本单位暂存期间，应严格管理，有效控制，保证人员安全和环境不受污染。

（4）放射性废物应按要求分类收集，并装入带有分类标记的专用口袋或容器内；严禁将放射性废物混装到一般垃圾中，也不得将一般垃圾混入放射性废物中。

（5）废放射源应单独收集存放，不得混在一般放射性废物中。

（6）含放射性核素的有机闪烁液，应用不锈钢或玻璃钢罐贮存。

（7）每袋废物的表面剂量率应不超过 0.1 毫希/时；每袋体积不超过 30 升，重量不超过 20 千克。

（三）废旧放射源安全处置管理规定

1. 有关放射源分类管理规定

①生产、进口放射源的单位销售Ⅰ类、Ⅱ类、Ⅲ类放射源给其他单位使用的，应当与使用放射源的单位签订废旧放射源返回协议；使用放射源的单位应当按照废旧放射源返回协议规定将废旧放射源交回生产单位或者返回原出口方。确实无法交回生产单位或者返回原出口方的，送交有相应资质的放射性废物集中贮存单位贮存。

②使用Ⅰ类、Ⅱ类、Ⅲ类放射源的单位应当按照废旧放射源返回合同规定，在放射源废弃或者闲置后 3 个月内将废旧放射源交回生产单位或者返回原出口方。确实无法交回生产单位或者返回原出口方的，送交有相应资质的放射性废物集中贮存单位贮存。

③使用Ⅳ类、Ⅴ类放射源的单位应当按照国务院环境保护行政主管部门的规定，在放射源废弃或者闲置后 3 个月内将废旧放射源进行包装整备后送交有相应资质的放射性废物集中贮存单位贮存。

④针对长期闲置放射源可能导致放射源丢失、被盗等辐射事故的情况，《重庆市环境保护条例》明确规定了闲置 3 个月以上的放射源按照废旧放射源处理；同时为预防辐射事故和违法事件的发生，明确规定了对非法转移或者处置放射性同位素、放射性废物的，环保部门可以对有关设施、物品予以查封、暂扣等。

2．放射源收贮申报

使用放射源的单位，不得私自处置废放射源。在发生下列情况之一时，必须对放射源的收贮提出申请：

①已失去原使用价值的废源；

②放射源的安全达不到有效保障；

③使用单位生产工艺改变、转产、关闭等，不再使用的放射源；

④已停止使用且今后3年内不再使用的放射源；

⑤放射源生产单位关闭时留存的放射源，以及销售、使用放射源单位终止相关辐射活动时尚存的放射源。

3．废旧放射源的收贮

①收贮单位派专用车辆到使用单位收贮废旧放射源。

②废放射源的运输按《放射性物品运输安全管理条例》、《放射性物质安全运输规程》及国家和重庆市放射性废物管理的要求执行。

③收贮放射源时应对使用单位提供的放射源特性参数进行核查。

④原放置该放射源的场所需经辐射监测，如果该场所遭受放射性污染应进行去污操作，以达到清洁解控水平。

⑤城市放射性废物库收贮的废旧放射源必须做到账物相符。

⑥废旧放射源收贮（处置）的费用由放射源使用单位承担。

⑦废旧放射源收贮后，放射源使用单位、收贮单位应及时向其所在地省级环境保护行政主管部门备案。

二、放射性废物处理

（一）基本方法

稀释分散、浓缩贮存以及回收利用。放射性废液浓缩后贮存只是暂时性措施，存在着不安全因素，必须将放射性废液或浓缩物转化成为稳定的固化体，才能安全地转运、贮存和处置。

放射性气体成分不同，对其处理的办法也不相同。放射性气溶胶需用高效微孔过滤器处理；放射性气体可用吸附剂、液体洗涤剂吸收；活性炭对碘挥发的气体吸附效果非常好；惰性气体用致冷剂吸收处理，然后洗涤溶解吸收，浓的惰性气体经压缩装入高压气瓶贮存。

放射性废水总的处理原则是，短半衰期核素废水可放置衰变或稀释排放；长半衰期核素废水可回收利用或浓缩贮存。

放射性固体废物，应分类收集在专用的放射性废物容器中，然后集中送往放射性废物贮存、处置单位。不得擅自埋藏处置，更不准任意倾倒。

（二）放射性废物收贮管理

放射性废物（包括废放射源）收贮分三个步骤：分类收集、处理与包装、集中贮存。

1. 放射性废物达到下列要求方可送贮处理

①放射性废物应干燥，游离液体率小于1%。

②放射性废物应稳定，无挥发性、易燃、易爆等不稳定物质，也无强氧化剂、腐蚀剂等物质。

③试验植株应脱水、干化或灰化。

④动物尸体固化于水泥中，或防腐、干化、灰化。

⑤废放射源放在包装容器中，损坏的密封源重新包装，并附上编码卡。

⑥包装体外表面的污染控制水平$\alpha<0.04$ 贝可/厘米^2，$\beta<0.4$ 贝可/厘米^2。

2. 放射性废物库接收废物之前对拟接收的放射性废物进行就地检查和核实，然后接收贮存

①检查和核实：主要核对放射性废物的数量和标识，核实废物核素及其浓度（或总活度）；检查放射性废物包装是否符合有关标准的规定（如表面剂量率、表面污染水平、容器的完整性等），对核查合格的放射性废物包实施封装，并按规定标识和记录。

②接收：在接收放射性废物之前，再次检查放射性废物包的表面剂量率和废物包上的封装和标识是否完好。特殊情况下（如运输中的事故），按事故应急措施的规定对废物包进行去污处理或再包装处理，然后办理登记接收手续，并将相关信息输入废物库的计算机管理系统。

③分类贮存：按国家标准及环保部有关规定，对放射性废物和废源进行分类，分别处理、整备与存放。

（三）最终处置

包括对放射性排出物的控制处置（稀释处置）和废物的最终处置。放射性排出物（液体、气体）向环境中稀释排放时必须控制在正式规定的排放标准以下。放射性废物最终处置意味着不再需要人工管理，不考虑将废物再回取的可能。因此，为防止放射性废物对自然环境和人类的危害，须将它与生物圈很好地隔离。

三、重庆市放射性废物处置

辐射安全监管职能划转到环保部门后，为收贮、妥善处置放射性废物，彻底解决废旧、闲置及社会无主放射源存在的安全隐患，确保重庆市辐射环境安全，经原国家环保总局批准同意在重庆市设置了放射性废物暂存库。在收贮废旧放射源工作方面，一是积极申请市财政经费支持，对破产、倒闭企业和社会无主放射源进行了及时收贮；二是对

退役放射源和不具备存放保管条件的废旧、闲置或备用放射源进行了强制收贮。

在 2004 年“清查放射源，让百姓放心”专项行动中，通过核查发现，重庆市退役或闲置的放射源数量较多，且大多数无档案资料，安全隐患较大。为了解决此问题，在重庆市设置放射性废物暂存库之前，协助四川省辐射环境管理监测中心站收贮了废旧放射源共 105 枚。同时，在市环保局等领导的关心、指导下，经现场考察、资料审查，并报请原国家环保总局同意，设置了重庆市的放射性废物暂存库；为保证安全、顺利收贮废放射源，拟定了放射源退役程序与收贮方案，组织废弃、闲置放射源的收贮工作。

按照国家有关城市放射性废物库选址及建设技术要求，重庆市放射性废物库建设项目于 2007 年 9 月开工建设，2008 年完成基础设施建设，并于 2009 年 9 月通过了环保部组织的废物库建设项目竣工环境保护验收。市辐射站建立并完善了放射性废物库运行组织保障体系和管理制度体系，制定了城市放射性废物库运行维护管理规章制度，规范废物库的运行维护与管理。

为防止废旧放射源长期闲置带来安全隐患，按照国家有关法律、法规要求，2004—2009 年市辐射站组织对 493 枚废旧放射源和约 400 升（约 300 千克）放射性废物进行了收贮，并按照环保部要求于 2009 年将所收贮的废放射源和放射性废物清理移交给中核清原环境技术工程有限责任公司，安全运往西北国家放射性废物处置场和废源集中贮存库。

四、重庆市切实加强辐射环境监督管理

重庆市严格电磁类建设项目环评审批，有效预防了因电磁辐射类建设项目引发的群体事件。电磁辐射设施（设备）申报登记工作已纳入排污申报体系进行常态管理。开展了辐照场、γ探伤、水泥、煤炭和化工

行业放射源安全专项检查。共收贮 66 枚废旧、闲置放射源。重庆市城市废物库通过环保部竣工环保验收。完成了重庆市伴生矿开发利用及污染现状调查和土壤放射性污染调查专项研究工作。

第五章　城市环境综合整治

为进一步加强城市环境保护工作，重庆市委、市政府针对城市环境存在的主要问题，全面推动城市环境综合整治工作，加强城市环境基础设施建设，加大环保资金投入，提高城市环境管理水平，改善城市环境质量，促进城市可持续发展，助推构建和谐宜居重庆、实现科学发展。

第一节　产业结构调整

重庆成为直辖市以来，其产业结构不断优化。从直辖初期一、二、三产业比重分别占 24%、34%、58%，到 2008 年年底已调整为 11.29%、47.74%、40.97%。虽然第一产业占国内生产总值（GDP）比例不断下降，但是第三产业的比例仍然偏小，第二产业比重在不断上升，在工业内部，重型化趋势比较明显，结构性污染依然突出。重庆市资源型、高能耗、高污染企业比重大，经济发展依然靠工业与投资拉动，粗放型发展模式短时间内难以改变。“十一五”期间单位 GDP 能耗和主要污染物排放强度虽然有所降低，但均高于国家或发达地区平均水平。2009 年重庆市单位 GDP 能耗在全国排 15 位，低于全国平均水平，分别是北京、天津、上海的 1.9、1.4、1.6 倍，2008 年重庆市单位工业增加值化学需氧量、二氧化硫排放量分别是同期全国平均水平的 1.02 倍和 1.53 倍。随着经济快速发展，污染物总量减排将面临新增量大幅度增加、存量削减空间有限的双重压力，粗放型经济增长方式对资源与环境造成的压力将在“十二五”时期更加凸显。

第二节 城市功能区划

严格执行《重庆市主体功能区规划》、《重庆市生态功能区划（修编）》，推进以区域环境准入为主导的生产力布局体系建设，提高产业准入和环境保护准入门槛，形成合理的空间开发结构。严格执行重庆市工业项目环境准入规定，对不符合环境准入规定的项目，不得审批、核准和备案。

一、指导思想

以可持续发展理论和生态学原理为指导，实施区域可持续发展战略，突出三峡库区的重要生态环境地位，以改善环境质量、维护生态系统服务功能为前提，以保障统筹城乡发展和“一圈两翼”社会经济发展战略的顺利实施为目标，为区域社会、经济和环境协调、持续发展提供科学的理论基础，促进资源的合理开发与利用、提高生态环境承载力和人居生活质量。

二、区划原则

1．可持续发展原则

促进资源合理利用与开发，避免盲目开发资源和破坏生态环境，保护生物多样性，增强区域社会经济发展的生态环境支撑能力。

2．发生学原则

根据区域生态环境问题、生态环境敏感性、生态服务功能与生态系统结构、过程、格局的关系，确定主导因子及区划依据。

3．区域相关原则

综合考虑自然区域和行政区域，妥善处理区县级尺度和全市尺度的关系。

4．相似性原则

根据区域生态系统结构、过程和服务功能存在相似性和差异性进行分区。

5．区域共轭原则

任何一个生态单元必须是完整的个体，不存在彼此分离的部分。

6．前瞻性原则

充分把握生态系统结构与功能演变趋势且具有前瞻性。

三、区划范围

重庆市行政区域范围，幅员面积 8.24 万千米^2。

四、区划目标

1．明确区域生态系统类型的结构与过程特征

2．诊断区域主要生态环境问题及成因

3．分析不同生态因子和生态过程对人类活动胁迫的敏感性特点

4．评价不同生态环境要素的生态服务功能的重要性

5．制定全市生态功能区划方案

6．揭示重庆市区域生态环境问题的形成机制

7．提出生态环境保护和建设的对策

五、区划依据

生态功能分区是依据区域生态环境敏感性、生态服务功能重要性以及生态环境特征的相似性和差异性而进行的地理空间分区。生态功能区划进行 3 级分区。

1．一级区划分

以中国生态环境综合区划三级区为基础，根据重庆市地形、地貌和气候等自然生态环境特征的空间变化进行适当的调整。

2．二级区划分

主要依据生态系统的相似性和生态服务功能类型基本一致性，结合生态系统类型空间分布的定性分析。

3．三级区划分

依据生态服务功能的重要性、生态环境敏感性与主要生态环境问题的综合评价，按照其空间分布的差异性和相似性。

六、区划方法

在重庆市生态环境现状评价、生态脆弱性评价和生态服务功能重要性评价的基础上，采用地理信息系统（GIS）空间叠加技术方法，集成专家知识，自上而下和自下而上相结合，利用主导因素法，按区域内差异最小、区域间差异最大的原则以及区域共轭性原则，依次逐级划分生态功能区，并根据行政单元完整性进行修订，最终确定重庆市生态功能区划的基本界线。

按照生态区划规程要求，一级区划应维持区内气候特征的相似性与地貌单元的完整性。二级区划主要以生态系统类型和生态服务功能类型为依据，区划时应保持区内生态系统类型与过程的完整性，同时兼顾生态服务功能类型的一致性。三级区划主要采用生态敏感性和生态服务功能重要性的评价结果，并分别考虑其生物多样性、水源涵养、营养物质保持、水土保持等方面的生态服务功能与生态脆弱性特征的相似性与差异性。

第三节　城市环境污染防治

为进一步改善城区环境质量，深入开展了城市环境综合整治工作，并根据环境保护部办公厅《关于做好 2010 年全国城市环境综合整治定量考核工作的通知》（环办函[2010] 203 号）和重庆市环境保护委员会《关于重庆市“十一五”城市环境综合整治定量考核有关问题的通知》（渝环委[2006]6 号）的工作要求，严格开展城区环境综合整治考核。

一、强化领导

市环保局成立主城区环境综合整治工作领导小组，负责城市环境综合整治领导工作，定期或不定期召开协调会推进环境综合整治工作中的问题，督促各项整治任务按期完成，通报整治工作进展，协调有关问题。

二、明确目标

以“看不见异常排污行为、听不到扰民噪声、闻不到环境污染异味”为目标，短期与长效相结合，改善主城区环境质量。深化环保“四大行动”，加强控制城市各类扬尘污染，机动车排气污染防治，燃煤及粉（烟）尘和餐饮业油烟整治，巩固基本无煤区，重点消除城区工业黑烟污染。开展主城区两江四岸、轨道交通二号线工业和餐饮趸船排污口整治工作，整治主城区饮用水水源周边污染源，严格控制噪声污染扰民。

三、集中整治和加强监管相结合

1. 控制道路和施工扬尘污染

落实主城区“蓝天行动”工作措施，环保部门协调市政、建设和房管部门督促做好土地整治、建筑工程、房屋拆迁、道路维护和改造等施工扬尘污染控制工作，督促主城区易撒漏物质实行密闭运输，房屋拆迁施工单位要按照要求洒水降尘和密闭运渣。

2. 整治工业废气污染

各区环保部门要开展城区 10 蒸吨以上燃煤锅炉和工业窑炉达标排放的日常巡查，基本消除主城区两江四岸、轨道交通二号线、高速公路和主干道沿线及市级风景名胜区可视范围内工业黑烟现象。

3. 控制机动车排放黑烟污染

环保部门要联合公安交管部门查处机动车排放黑烟污染，城区禁止冒黑烟的机动车上路行驶。

4. 加强其他废气整治

开展检查执法及时查处违规燃煤行为。在城市建成区内积极协调并处理产生油烟等污染扰民活动，禁止在城区露天焚烧垃圾、油毡、假冒伪劣商品等物质。开展极端天气下的应急检查，确保国庆期间空气质量良好。

5. 整治饮用水水源保护区周边环境

加强主城区饮用水水源保护区周边环境污染源整治和水质监测工

作，巩固饮用水水源保护区内餐饮船舶污水治理、餐饮趸船搬迁、工业污水排污口的整治成果。

6．查处工业污水直排两江行为

环保执法人员要定期加大对长江、嘉陵江主城区江段排放状况检查频次，基本消除主城区江段餐饮船舶污水、白色泡沫或其它水污染问题，对于违法违规行为及时依法从严查处。

7．从严控制夜间噪声扰民

主城区建筑施工工地除抢险、抢修或施工特殊需求外，一律禁止夜间 22:00 到次日 6:00 施工。城区工业企业厂界噪声必须实现达标排放。配合公安、文广等部门加大对娱乐场所噪声扰民的整治力度。

8．巩固机动车禁鸣成果

配合交通管理部门开展明纠暗查，在重点地区、窗口地区和繁华地区开展集中纠正机动车违章鸣号行为。

9．强化社会生活噪声监管

强化繁华地段和窗口地区环境噪声综合整治，配合公安部门开展社会噪声扰民行为的查处，减少噪声夜间扰民投诉。

第四节　创建环保模范城市及宜居城市

1996 年，原国家环保局授予张家港“国家环境保护模范城市”称号以来，全国 660 个城市中已有天津、成都、大连等 67 个城市获得国家环保模范城市称号，重庆市仅有渝北和北碚区是国家环保模范城区。目前，全国有上海、西安、贵阳等 132 个城市正在创建之中。国家环境保护模范城市是我国城市环境保护含金量最高的荣誉称号，已成为各级地方党委、政府贯彻落实科学发展观和构建和谐社会的重要载体，成为生态文明建设和转变发展方式的重要抓手，成为建设资源节约型和环境友好型社会的重要平台。在 2008 年召开的市委三届三次全委会上就提出了创建国家环保模范城市的要求。之后，经过大量调研和可行性研究，市政府将创模工作列入政府工作报告。市委三届七次全委会，又将创模确定为市委、市政府民生工程的重要内容。

以主城区为整体，开展创建国家环境保护模范城市活动，着重落实六大任务：

①实施经济结构调整，推进产业优化升级，加快发展方式转变，提高经济发展水平。

②强化污染防治措施，解决突出环境问题，全面改善环境质量，助推“五个重庆”建设。

③加强基础设施建设，提高污染防控水平，增强城市综合承载能力，推动城镇化健康发展。

④加强环境综合整治，改善城市容貌，统筹城乡环境保护。

⑤加强创模保障工作，提升环境保障水平，打造“西部领先、全国一流”的重庆环保，探索环境保护新道路。

⑥加强创模宣传教育引导，完善公众参与制度，推进全民环境教育，倡导健康文明生活方式。

重点实施八大系列工程：

①实施优化发展系列工程，包括优化发展工程、结构调整工程、产业升级工程。

②实施空气质量达标系列工程，包括扬尘控制工程、燃煤及机动车排气控制工程、空气环境质量预警预控工程。

③水环境质量达标系列工程，包括河流整治工程、饮水保障工程、国家水污染防治规划实施工程。

④实施基础设施建设系列工程，包括城市污水垃圾处理设施建设工程、城市森林工程、环境安全工程。

⑤实施企业环保达标系列工程，包括工业企业稳定达标工程、企业深度治污工程（含重金属防治工程）、固废综合处置工程。

⑥实施环境能力建设系列工程，包括机制创新工程、能力提升工程、监管网络工程。

⑦实施城乡环境整治系列工程，包括城市容貌工程、城市环境综合整治工程、农村环境综合整治工程。

⑧实施公众满意度提升系列工程，包括宣传教育工程、公众维权工程、示范创建工程。

按照市政府创模规划，重庆创模范围包括主城九区（含北部新区），涉及 152 个街道（镇），幅员面积 5473 平方千米。主城周边合川、江津、长寿和璧山相关环境整治工作也纳入创模范围。创模工作涉及 1 个总体目标、3 个实施阶段、6 项主要任务、8 大系列工程、100 类 2300 余个具体项目。通过落实以上系列任务和实施系列工程项目，确保到 2013 年，建成国家环境保护模范城市，突破发展“瓶颈”，提升城市品质，打造经济健康发展、基础设施健全、环境质量良好、生态良性循环、城市优美宜居的新重庆。

为动员全社会投入创模行动，市政府召开了创模动员大会，印发了创模规划和实施意见，主城各区也召开了各区动员大会，细化了本区域创模实施方案，建立了创模工作任务分解、督查督办、年终考核等系统的推进工作机制，各类创模项目正有条不紊地推进。此外，积极推进市级环保模范区县创建工作，巩固渝北区、北碚区国家环保模范城区创建成果，巩固提升南岸区、九龙坡区市级环保模范城区创建成果，完成江北区、沙坪坝区、巴南区、大渡口区、渝中区、璧山县等区县创建市级环境保护模范城区，主城各区要力争全面达到国家环境保护模范城市指标要求，万州区、涪陵区、合川区、江津区、永川区、黔江区等 6 个中心城市创建国家环保模范城市，建成一批定位清晰、特色鲜明的环保模范城市群。

第五节　“蓝天、碧水、绿地、宁静”四大行动

一、“蓝天”行动

重庆市委、市政府领导高度关注“蓝天行动”。市领导多次对“蓝天行动”作出重要批示并进行现场检查。每季度定期组织召开调度会、定期召开专题会研究解决“蓝天行动”推进实施中的突出问题，并多次举报影响空气质量的环境污染问题。2005 年以来，市政府发布有关“蓝天行动”的市长令、管理办法、文件、规章、规范、方案等共 21 件，特别是出台了《重庆市主城尘污染防治办法》（渝府令第 188 号）、《重庆市人民政府关于对主城区易撒漏物质实行密闭运输的通告》（渝府令第 164 号），保证了“蓝天行动”的顺利实施。市政府定期通报工作的进展情况和解决有关难点问题。市委、市政府连续三年将“蓝天行动”列为“民心工程”，每年将“蓝天行动”工作任务分解到主城各区政府和市级有关部门，并制定了主城各区的分区“蓝天目标”，将“蓝天目标”列为各区经济社会发展综合指标考核，并作为党政一把手环保实绩考核的重要内容。市人大、市政协多次视察主城区“蓝天行动”推进实施情况。市政府发文成立市政府主城区“蓝天行动”督查组，由市政府督查室主任任组长，市环保局、市监察局分管领导任副组长，办公室设在市环保局，2005 年 1 月起从市环保局、市建委、市市政委抽调专门人员开展“蓝天行动”日常巡查和督查督办工作。组织污染源曝光，发出督办通知、进行挂牌督办，促进了重点地区、重点时段和重点污染源整改；还通过开通“蓝天行动”公众信息网及网上和电话投诉、发布空气质量排名、曝光未达标污染源名单、曝光突出污染源照片、挂牌督办等

措施进一步加大督查力度，强化新闻舆论和社会监督。“蓝天行动”督查组制定了《主城蓝天行动空气污染源案件挂牌督办及摘牌程序规定》，以解决主城“蓝天行动”实施过程中的重点、难点问题。市环保局也专门成立了“四大行动”推进办公室，以解决涉及市环保局负责“蓝天行动”实施过程中遇到的重点和难点问题。

（一）多管齐下控制扬尘污染

市“蓝天行动”督查组 4 次发布空气质量预警；市级九部门横向联手，与主城各区纵向联动，两次开展联合执法“百日行动”，督办和挂牌 137 处污染源，依法立案查处施工工地 161 件，查处违规运渣车 1434 台次。在重点工地和道路安装远程电子监控扬尘设施、购置多功能道路冲洗洒水车、安装全自动冲洗机、建设江北国际机场航站楼等扬尘控制示范工地，依靠科技手段控制扬尘污染取得了积极成效。制定了空气质量保障方案，两次实施“蓝天行动”人工增雨作业并初见成效。

（二）积极控制燃煤及粉烟尘污染

完成污染企业搬迁 25 户。市政府启动了主城区第二阶段清洁能源改造工程，完成 538 台燃煤设施清洁能源改造，可削减燃煤 35 万吨，减排二氧化硫 2.1 万吨。主城以外区县城区全部建成烟尘控制区，累计建成烟尘控制区面积 397 平方千米，平均覆盖率达 70%以上。

（三）积极深化机动车排气污染防治

对主城外的 24 家机动车安全技术检验机构开展了机动车排气污染物检测资质委托工作，全面开展主城区 8 家简易工况法场站建设；编制了机动车环保标志管理方案；主城区 6 个路检点共检测机动车 5.3 万余辆；机动车尾气遥测 6 万余辆；查处冒黑烟车数量 1 000 余辆。

"蓝天行动"落实了以下措施：

1. 制定并实施了控制扬尘的规定和规范

市政府制定发布了 2 个控制扬尘的市长令，发出了 6 个控制扬尘的规范性文件。9 个市级部门制定了控制行业扬尘技术规范，在全国产生良好反响，确保了控尘工作有章可循。

2. 初步建立长效管理机制

在市"蓝天行动"督查组的推动下，市级各部门和主城各区政府建立了工作责任制，成立了领导小组，形成了日常巡查、上下联动、交叉检查、案件移送、信息通报、定期曝光、挂牌督办、跟踪整改、违规处罚的管理机制，通过显示屏、报纸、电视、网站等宣传，使"蓝天行动"深入人心，"蓝天行动"列直辖十年十件环保事件之首。

3. 铺装沥青路面

重庆市主城区累计共完成道路铺装沥青路面 520 余千米，约占主要道路面积的 50%。212 国道改造道路、石板坡长江大桥复线、石小路、石新路、杨石路、高九路等新建、改造道路全部铺装沥青路面，内环高速公路"白改黑"全面完成。主城四车道以上道路基本完成了铺装沥青路面。

4. 控制机动车带泥、带尘和撒漏污染

各区在控制机动车带泥上路和沿途撒漏方面均做了大量的工作，要求在施工工地出口处派人把守、24 小时巡查，发现问题立刻会同有关部门解决。

5. 加强道路冲洗、清扫保洁

市政部门加强了道路洒水、清扫保洁的力度和频率。对于主要路段和窗口地区、施工区域，少则每天组织冲洗一次，多则每隔 3～4 小时冲洗一次，使道路扬尘明显减少，起到了立竿见影的效果。一些区还制定了严格的清扫保洁程序，规定清扫和保洁前必须洒水，严格控制了清扫保洁过程中的二次扬尘。

6. 严格施工扬尘管理

建设部门加大了对主城区 2000 余个建筑工地扬尘污染监控力度，通过组织项目建设、监理、施工等单位召开现场整改会，研究整改措施，制定扬尘控制专题方案，帮助工程建设工期紧、施工条件差的企业克服困难。对重点、难点工程进行专项整治检查，督促未办理安全报监等建设手续的业主单位完善相关建设手续，同时对扬尘控制整改不力的单位实施处罚。除对建筑施工扬尘控制工作实行每月通报外，市建委还对扬尘控制工作不到位的建筑工地的违法行为、整改情况及相关处理结果予以通报，并记入不良记录，在建设工程信息网上公示，增加企业违法违规成本，对未落实文明施工的企业形成震慑。

7. 规范建筑渣土消纳场管理

对现有的合法建筑渣土消纳场，实行了标准化管理，严格执行建筑渣土准运证制度，使进出渣场车辆带泥上路的现象大为减少。

二、“碧水”行动

“碧水行动”实施方案包括饮用水水源保障、城镇生活污染整治、工业污染防治、农村面源污染防治、船舶污染防治、次级河流综合整治、环境监控与风险防范工程和环境管理与科技创新工程以及建立和完善保障机制等多方面的内容，旨在通过该行动，改善重庆市的水环境质量，保障饮用水安全，提高环境监管能力，促进经济社会和环境的和谐发展和可持续发展。

（一）“碧水行动”实施范围

“碧水行动”实施范围为重庆市所辖行政区范围，重点为辖区范围内长江、嘉陵江、乌江及其主要支流的水环境保护和城镇居民饮用水水源保护。

（二）“碧水行动”目标

1．狠抓难点，全力推进次级河流综合整治

市政府印发了加快推进次级河流综合整治工作的意见和考核暂行办法，实行“部门牵头负责制”、次级河流污染整治项目和水质改善的“双目标”考核制度，初步建立了次级河流污染综合整治会议协调、项目调度、监督考核和信息报送等综合整治协调推进机制。纳入《规划（修订本）》的 8 条次级河流，有 2 条国家批复了概算，4 条通过国家评估，2 条上报国家审批概算。梁滩河生活污染治理项目累计完成投资 2.3 亿元，苎溪河开工建设河道清淤项目，濑溪河流域部分截流管网工程已完工，御临河部分城镇垃圾处理项目已建成，桃花河城区河道整治一期工程已完成，澎溪河、小安溪、龙溪河流域部分工业和畜禽养殖整治项目已动工，清水溪全面截流工程已基本完成。

2．突出重点，切实加强饮用水水源保护

实施了饮用水水源安全隐患大排查，完成了全市乡镇集中式饮用水水源地调查评估工作，督促长寿区妥善解决了饮用水水源隐患问题。投入 2 亿多元，取缔三峡库区库湾和河道网箱 1.5 万个，有力保障了饮用

水水源安全。开展了农村饮水安全项目建设，新建农村饮水工程1.4万处，解决了135万农村居民饮用水安全问题。

3. 防控并举，切实加强环境基础设施建设

城市污水垃圾处理项目、主城排水三级管网建设和工业园区污染防治设施加快建设。全市建成50个城市污水处理厂和21个小城镇污水处理项目，建成32个城市垃圾处理场和16个小城镇垃圾处理项目。主城区垃圾焚烧项目初设通过国家概算审查，万州垃圾处理二期工程完成可研报告审查，建成4个工业园区废水处理厂。积极推进纳入《规划（修订本）》的86个工业项目的治理，已完成项目45个，在建30个。

2009年，长江、嘉陵江和乌江重庆段水质保持稳定，均满足III类水质标准；长江入境和出境断面水质均为II类；次级河流水质满足水域功能要求的断面比例为79.5%；国控饮用水水源地和全市城镇集中式生活饮用水水源地水质满足水域功能要求的断面比例均为100%。

三、“绿地”行动

（一）着力加强生态环境保护

编制了《重庆市生态质量监测评估指标体系（试行）》，开展了40个区县生态质量评估。切实加强生物多样性保护和生物安全管理。完成了长江上游生态屏障生物多样性保护和物种资源评估示范。启动了欧盟项目之重庆特有、濒危物种生境调查。完成了重庆市生物物种资源调查和编目，编制了《重庆市生物物种资源保护和利用规划》，开发了重庆市生物物种资源库，实现了重庆市生物物种资源及保护利用信息的共享。编制了《重庆市生物多样性保护策略和行动计划》。渝北区和大足县国家生态区、生态县建设积极推进。启动了市级生态区县创建工作。保质保量完成了重庆市土壤污染调查工作。继续实施北碚、永川土壤污

染修复整治工程，在重庆开展全国土壤环境监管试点。

（二）积极推进生态建设与恢复

以建设“森林重庆”和“宜居重庆”为契机，加快生态建设。全市造林350万亩[①]，管护天然林3582万亩，完成速丰林基地建设100万亩，完成库区生态屏障森林建设41万亩。全市森林覆盖率达到35%。完成“创建国家园林城市”国家验收，建成鸿恩寺、龙头寺等城市公园10个，社区公园40个，新增城市生态林100万平方米、城市绿地300万平方米。开展了消落区示范项目建设、植被构建、生态修复和安全评估。在三峡库区选择了3个点开展消落区生态恢复示范。完成万盛区东林煤矿、南桐煤矿和北碚区天府煤矿等5个矿山治理项目。生态移民和易地扶贫搬迁完成5.62万人。完成石漠化治理6万公顷，全年治理水土流失面积4632.8平方千米。实施生态家园富民工程及生态示范村建设，完成10个生态示范村建设和5.954万户移民的“一池六改”任务。

四、“宁静”行动

“十五”以来，重庆市高度重视环境噪声污染防治工作，通过实施机动车禁鸣、建筑施工噪声控制、环境噪声达标区建设等措施，出台《重庆市环境噪声污染防治办法》，加强了工业噪声、交通噪声、建筑施工噪声、社会生活噪声的综合整治，加大了监督检查力度，城市声环境质量得到一定程度的改善，但噪声污染问题仍然突出，为进一步控制环境噪声污染，改善城市声环境质量，重庆市市政府出台了《重庆市“宁静行动”实施方案（2006—2010年）》（渝府发[2007]12号）（以下简称《宁静行动方案》）。《宁静行动方案》主要从噪声源头控制、传播途径控制、噪声敏感目标保护等方面着手，从合理规划布局和调

① 1亩=1/15公顷。

整城市环境噪声功能区、工业噪声污染防治、建筑施工噪声污染防治、交通噪声污染防治、社会生活噪声污染防治、加强噪声污染监管和创建工作 6 方面，综合采用管理措施和技术措施，逐步改善城市声环境质量。

近年来，通过实施"宁静行动"加强了工业噪声、建筑施工噪声、交通噪声、社会生活噪声污染防治并通过"安静居住小区"和环境噪声达标区建设，重庆市的声环境质量得到进一步改善。2009 年，全市声环境质量继续保持稳定。2009 年，主城区功能区环境噪声昼夜等效声级平均为 55.5 分贝，昼间为 54.9 分贝；夜间为 46.6 分贝，小时超标率昼间为 2.1%、夜间为 16.7%。与 2008 年相比，昼夜和夜间噪声分别下降 0.3 分贝和 0.8 分贝，昼间噪声上升 0.1 分贝；小时超标率昼间比 2008 年上升 2.1 个百分点，夜间与 2008 年持平。主城区区域环境噪声等效声级平均为 54.2 分贝，比 2008 年下降 0.2 分贝；主城区道路交通噪声等效声级平均为 67.8 分贝，比 2008 年微升 0.1 分贝。

2010 年 1—8 月，主城区区域环境噪声等效声级为 54.2 分贝，网格噪声达标率为 93.1%；声源构成以社会生活噪声为主。主城区道路交通噪声等效声级为 68.0 分贝；噪声超过 70 分贝的交通干线长度比例为 24.7%。主城区功能区环境噪声昼夜等效声级为 52.7 分贝，小时噪声达标率昼间为 100%，夜间为 79.2%。

（一）推进实施噪声污染防治的主要做法

1. 市委、市政府高度重视噪声污染防治工作

近年来，强力推进实施"宁静行动"，将噪声污染防治的工作目标任务每年以市委、市政府的文件印发（重庆市《年度环境保护目标任务分解的通知》），将噪声污染防治的各项任务分解到有关区政府、市级部门和单位，并纳入当年度环境系统目标考核和市党政一把手环保实绩

考核。

市领导注重解决噪声扰民问题，多次批示要加大噪声污染整治力度并主持召开会议，重点研究了噪声污染防治的具体措施及娱乐场所的噪声污染问题，要求加强督查督办工作，切实解决市民反映强烈的噪声污染问题。

2．各区县政府认真落实噪声污染的各项措施

各区县政府和市级有关部门按照年度目标任务，扎实开展工作，为确保重庆市声环境质量进一步提高夯实了基础。

3．建立了监督管理长效机制，对噪声污染防治实施统一监督管理

市监察局、市公安局、市建委、市交委、市文化广电局、市工商局、市环保局等部门，建立了统一监督管理制度和联合督查制度，积极推进噪声污染防治，对工业噪声、交通噪声、建筑施工噪声、社会生活噪声进行综合整治，对噪声污染严重的实施了治理、停产、搬迁，反映强烈的噪声污染问题逐步得到遏制。

（二）噪声污染防治的主要措施

1．控制工业噪声污染

严格控制新污染，把好准入关。对新、扩、改建的工业项目严格执行了环境影响评价和“三同时”制度。对现有污染源实施了排污许可证制度管理，对噪声超标企业采取“关停、搬迁”等措施。

2．控制建筑施工噪声污染

自 2002 年以来，重庆市加强了对建筑工程施工噪声的监督管理，建立了建筑工程夜间施工临时许可制度和环境执法检查制度，加大了对

违法夜间施工的查处力度。采取宣传、疏导、调解相结合的方式解决因建筑施工噪声引发的纠纷，建筑施工噪声扰民明显减少。2005 年，市环保局发布了《重庆市主城区建筑工程夜间施工临时许可审批程序及规定》，2007 年做了修订，进一步规范了建筑工程夜间施工临时许可审批程序，施工噪声影响得到了缓解。

3. 控制道路交通噪声污染

实施了机动车“禁鸣”工作。按照重庆市政府《关于严格控制机动车喇叭噪声的通告》的规定，在城区划定了“机动车禁鸣”区，明确了机动车在禁鸣区内禁止鸣笛。环保、公安部门建立了监督检查长效机制，坚持发现一辆查处一辆的原则，严格查处违章鸣号车辆，2006—2008 年共查处违章鸣号车辆 30 余万辆。

实施了道路改造降噪工程。在主城区新建、改建主次干道路面使用改性沥青，在一定程度上减轻了路面噪声污染。目前，已完成改性沥青路面 520 余千米。加强了对噪声敏感目标的保护，在部分敏感区域建设了隔声屏障，建设道路绿地，行道树，新建临街住宅 65%左右安装了中空玻璃窗。

开展了铁路机车、船舶噪声污染的控制。出台了《城区限制铁路机车（轨道车）鸣笛办法》，对进入重庆枢纽的机车鸣笛作出了严格的限制，划定了铁路机车限制鸣笛区域，采取了工程措施，铁路机车在城区范围部分人口密集的敏感区域实施了封闭或半封闭运行，改善了铁路沿线居民的居住环境，减少了机车鸣笛扰民现象。

为了进一步控制船舶噪声污染，海事部门印发了《关于控制重庆市主城港区船舶噪声的通告》，对船舶在重庆港内鸣笛作了限制，对于主辅机噪声超过规定标准的船舶，进行了限期改造；挂浆机船禁止在主城港区内航行、停泊和作业；合理调整主城港区客船发班时间，减少夜间船舶流量；对采运砂船作业实行了科学管理。

4．控制社会生活噪声

加强了社会生活噪声的监督管理，进一步明确了环保、公安、工商、文化等部门对社会生活噪声的监督管理职责，落实了责任，实施了社会生活噪声综合整治。2005 年，市环保局会同公安、工商、文化等部门发布了《重庆市环保局关于进一步加强社会生活噪声管理的通知》，进一步规范了经营性文化娱乐场所噪声及其他社会生活噪声的监督管理，2006 年以来，重庆市开展了经营性文化娱乐场所、城市居住小区内小型加工作坊的社会生活噪声综合整治，在一定程度上控制了社会生活噪声污染，减少了社会生活噪声对环境的影响，经营性文化娱乐场所的噪声污染投诉明显下降。

5．建立了噪声污染防治的监督管理机制和公众参与机制

建立了市区联合检查制度，设立了“12369”环境投诉热线，建立了扰民噪声投诉分责受理、限时办结制度。“12369”环保投诉受理中心 2006 年受理群众建筑施工噪声投诉为 11231 件，2009 年为 11467 件，截至 2010 年 8 月 31 日为 11367 件，呈逐年上升趋势。在噪声扰民诉求中，大部分为夜间建筑施工噪声扰民，其余为交通噪声、娱乐场所噪声扰民等。其主要表现在近年来城镇化建设加快，新城建设和旧城改造同步进行，道路翻修、桥梁建设、轻轨施工等城市基础设施建设需要连续施工，扰民严重，群众反映强烈。市环保局在主城区建设噪声显示屏，累计建设噪声显示屏 13 个和 5 个噪声自动监测点，有效地促进了噪声防治和公众参与。

6．出台《重庆市环境噪声污染防治办法》

2002 年 2 月 1 日，市政府第 102 次常务会审议通过并发出市政府第 126 号令，发布了《重庆市环境噪声污染防治办法》，共 5 章 52 条，做

到了噪声监管有据。

7. 建设环境噪声达标区和安静居住小区

在城区建成区开展了环境噪声达标区建设工作，对城市环境噪声进行了综合整治，工业噪声、交通噪声、社会生活噪声和建筑施工噪声得到了有效控制。截至 2008 年，重庆市累计建成噪声达标区 565 平方千米，噪声达标区覆盖率为 72.8%。

为充分体现“以人为本”，构建和谐社会的思想，让环境管理深入社区、贴近生活、改善人居环境，重庆市组织开展了安静居住小区创建工作，出台了《关于开展“安静居住小区”创建工作的通知》（渝环发[2007]18 号）。全市建成市级安静居住小区 25 个，累计建成 72 个。通过“安静居住小区”的创建，提高了广大业主的环境意识，增强了责任意识，培养了良好的环境道德，规范了环境行为，公众参与率达到 90% 以上，业主的满意度得到提高。

目前，重庆市正根据近几年投诉较多的交通、施工、文化娱乐、社会生活噪声等问题，完成了《宁静行动实施方案》的修订工作，并将在敏感路段安装隔声屏，继续开展中考、普通高考和成人高考期间的环境噪声专项整治，积极推进文化娱乐噪声整治，新（扩）建环境噪声达标区、市级安静居住小区。修订方案实施范围为主城九区、北部新区和两江新区，幅员面积 5473 千米^2，重点是城市建成区。从源头预防、传播途径控制、噪声敏感目标保护三个层面，综合采取工程、技术、管理等措施，重点加强建筑施工噪声、交通噪声、社会生活和工业噪声污染防治，确保主城区声环境质量达标，减少噪声投诉，提高公众满意度。

一方面，采取预防措施：

①加强噪声污染的规划防护控制，将声环境功能区划纳入城市总体规划，合理安排功能区和建设布局，合理划定敏感建筑物与交通干线的噪声防护距离。

②适时调整城市噪声功能区，优化城市布局。

③严格执行规划环评、建设项目环评和“三同时”制度，避免产生新的噪声源，开展房地产项目居住适宜性评价，公示并采取措施防治噪声污染。

另一方面，采取整治措施：

①交通噪声污染整治措施。加强噪声污染源头控制，如强化机动车禁鸣和交通综合管理，加强敏感建筑物周边公交车站场、货运码头、轨道交通、船舶、航空等交通噪声污染监管，加快路面改造和日常维护，对路面减速带进行清理，完善降噪设施；同时加大传播途径的控制，如完善绿化防护带、道路声屏障等；进一步加强噪声敏感目标的保护，如对临街建筑物结合“立面改造”和“节能改造”工程推进隔声窗建设等。

②建筑施工噪声污染整治措施。此方案主要是对建筑工程实行分类管理，市政府重点工程项目、市政基础设施建设和维修项目开工建设时，由市级行政主管部门发布建设公告，请求市民的谅解，同时施工单位应采取切实有效措施减少噪声扰民。一般工程建设项目严格控制夜间施工，继续实行夜间施工临时许可审批制度，同时建立施工单位环保信誉评价制度。

③社会生活噪声污染整治措施。通过进一步明确部门职责，加强协调管理，加大营业性文化娱乐场所和商业活动噪声污染综合整治力度，强化社区复合型噪声污染监管。

④工业噪声污染整治措施。推广低噪工艺设备，严格执行排污申报和许可证制度，对超标企业依法分别实施限期治理、限产、搬迁、关停。

⑤引导公众维权及全民参与。畅通信息渠道，完善“12369”、“110”、“12319”三方通话和投诉交办制度；实行噪声投诉限时办理制度；引导公众积极参与噪声污染防治。

⑥建立联动机制，深入开展噪声执法专项行动和部门联合执法。

⑦开展重点降噪工程建设。结合“立面改造”和“节能改造”推进隔声窗建设，开展声屏障、道路绿化防护带、路面降噪工程、老旧公交车更新淘汰等重点降噪工程建设。

第六章　农村环境综合整治

重庆市积极争取中央农村环保“以奖促治”资金，强化农村环境综合整治，着力改善农村居民生产、生活环境。目前，重庆市丰都县汶溪村、梁平县黄桥村、北碚区大地村等 48 个村庄环境综合整治项目共获得中央农村环保资金支持 3634 万元，项目实施进展顺利，并初步发挥出良好的环境效益、经济效益和社会效益。

强化资金管理，提高资金使用效率。对补助 50 万元以上（含 50 万元）的项目，统一委托重庆市招标采购（集团）有限责任公司进行公开招投标，保证了项目实施的公开、公平、公正，提高了资金使用效率。加强公众参与，保证项目顺利实施。创造性地设立了项目义务监督员制度，由村民推选 2～5 名具备较强责任心的村民代表负责建设施工单位原材料进场数量的核定。解决突出环境问题，提高村民环境意识。将环境问题突出、群众反映强烈的建制村作为项目的重要支持对象。通过建设污水收集与处理系统和垃圾收运系统，改变了项目受益村“垃圾靠风刮、污水靠蒸发”的现状，改变村民不良的环境卫生习惯，环境意识得到逐渐提高。

第一节　水土流失治理

重庆市是我国西部地区一个大农村与大城市并存的新兴直辖市，是我国实施西部大开发战略的主战场。重庆市地貌以丘陵、山地为主，坡耕地多，垦殖强度大，水土流失严重。三峡库区大量移民后靠安置，加剧了人地矛盾冲突，加重水土流失。全市水土流失面积 4 万平方千米，占幅员面积的 48.6%，比全国和西部水平分别高 11.3 和 7.4 个百分点，年土壤侵蚀总量 1.4 亿吨，特别是三峡库区水土流失面积达 2.39 万平方千米，占库区总面积的 51.7%，严重制约了库区经济社会可持续发展，对库区人民的生存和发展构成了严重威胁，并直接影响三峡工程的安全运行。水土流失防治任务十分艰巨。

1991 年，《中华人民共和国水土保持法》颁布实施以后，重庆市水土保持工作进入一个崭新的发展时期，翻开了水土保持事业新的一页。

一、水土流失治理成效显著

重庆市确定了 30 个长江上游水土保持重点防治工程（简称“长治”工程）重点区县（自治县、市），坚持以小流域为单元，以坡改梯、经果林、水保林为重点，以经济效益、生态效益为中心，实行工程措施、生物措施、保土耕作措施相结合的山、水、林、路综合治理，取得了可喜的成绩。“十一五”期间，市委、市政府出台了森林城市建设的决定，重点推进“城市森林”、“农村森林”、“通道森林”、“水系森林”和“苗木森林”五大工程建设，累计治理水土流失面积 4 632.8 平方千米，完成退耕还林 1 577 万亩，天然林管护 3 582 万亩，完成三峡水库库周造林绿化和基本农田建设 8.82 万公顷，全市森林覆盖率由 30%提高到 35%。

通过治理，治理区的生态环境和农业生产条件得到明显改善，土地利用结构和农业生产结构日趋合理，环境人口容量明显增大，群众的生活水平和生活质量有了较大提高。

二、水土保持基本国策意识明显增强

《中华人民共和国水土保持法》（以下简称《水土保持法》）的颁布

实施，是我国水土保持事业的转折点，市环保局抓住机遇，十年如一日，坚持不懈宣传《水土保持法》，把水土保持信息送到千家万户，送到城市和乡村。1997年以来，党和国家领导人先后对治理水土流失、建设生态环境作出了一系列重要指示，特别是1998年江泽民总书记对重庆市和长江上游水土保持工作的重要指示，极大地鼓舞了重庆市广大干部和群众投身水土保持生态环境建设的热情。重庆市市委、市政府认真贯彻落实江泽民总书记的指示，在2000年5月召开了重庆市生态环境保护和建设会议，制定规划，确定目标，落实措施，使水土保持生态环境建设由部门行为向政府行为转变，由单一部门实施向多部门共同实施转变，由水土流失治理向水土保持生态环境建设转变。

三、水土保持预防监督执法工作逐步强化

《水土保持法》的颁布实施，为市环保局开展水土保持预防监督执法工作提供了强有力的法律保障，是依法防治水土流失，建设秀美家园的坚强后盾。市环保局认真贯彻水土保持工作“以防为主”，坚持“一手抓预防，一手抓治理，两手都要硬”的原则，使水土保持预防监督工作走向规范化、法制化。

（一）水土保持法规体系基本形成

1997年，《重庆市实施〈中华人民共和国水土保持法〉办法》颁布实施，1998年，重庆市水利局、市计委、市环保局联合制定了《重庆市开发建设项目水土保持方案报批管理办法》，1999年重庆市人民政府公布了《重庆市水土保持重点防治区划分公告》。重庆市物价局、市财政局制定了《重庆市水利部门行政事业性收费标准》。

（二）监督执法队伍建设日趋完善

重庆市水土保持监督执法工作经历了从试点到全面开展的漫长过

程，在水利部水土保持司和长江水利委员会水土保持局的领导下，重庆市水土保持监督执法队伍从无到有，从小到大，逐渐成长起来。目前，“长治”重点工程县做到了机构健全、人员到位、执法地位明确。重庆市现有水土保持监督机构 32 个，专职监督人员 490 名，兼职监督人员近两千名，管护员一万多名，水土保持监督执法人员中，着装执法人员 1 018 名，通过县级以上水土保持监督执法培训的人员达 1 712 名，为执法工作开展奠定了基础。

（三）执法力度不断加大

《水土保持法》颁布实施 10 年来，重庆市人大多次对重庆境内嘉陵江流域、三峡库区进行《水土保持法》执法大检查，有力地促进了水土保持法规的贯彻实施，解决了诸多地方执法难的问题。各级水土保持部门加强管理，完善执法体系，果断查处了一大批违反《水土保持法》大案件，推动了开发建设部门水土保持工作的开展。

（四）三峡库区滑坡、泥石流预警工作进一步加强

在长江上游滑坡、泥石流预警中心的指导下，三峡库区各“长治”工程重点县长期坚持开展站点预警和群测群防工作，取得了显著成绩。仅 1999 年就成功地预警了涪陵区天台乡磨溪滑坡和万州区铁峰坪滑坡，避免了人员伤亡，减少了财产损失。

四、水土流失监测预报正式启动

重庆市水土保持生态环境监测总站于 2000 年成立，在水利部水土保持监测中心和长江水利委员会水土保持监测中心站的直接领导下，监测预报工作业已启动。监测总站编制 10 人，目前人员正逐步到位，为整个重庆市水土保持生态环境建设工作注入了新鲜血液。监测总站与西南农业大学合作，成功组织完成了重庆市第三次土壤侵蚀遥感调查。

重庆市水土保持生态环境监测总站建站伊始，就抓紧时间编制完成了《重庆市水土流失动态监测网络规划》。根据规划，重庆市拟设立万州、渝北、涪陵 3 个区域监测分站和合川、开县、梁平等 10 个监测点。监测网络建设将充分运用遥感（RS）、地理信息系统（GIS）、全球定位系统（GPS）等高新技术，统一管理重庆市水土流失、生态环境保护与建设数据库，提供可靠、详实、即时的水土流失动态监测信息，为各级政府和有关部门水土保持决策提供科学依据，为重庆市水土流失动态公告提供依据，也将为重庆市水土保持三区划分、水土保持规划、治理措施配置、治理效益分析、开发建设项目水土流失、治理状况及滑坡泥石流灾害分布与活动机理、各种预警减灾模式效益研究提供基础数据和先进技术。

五、全面实施水土保持战略

重庆市水土保持工作坚持以科技为动力，依靠科技进步促水土保持生态环境建设发展的原则，为提高重庆市水土保持科技含量，市水土保持办公室与西南农业大学、西南师范大学、重庆师范学院等一批本地科研教学单位合作，完成了多项有价值的水土保持科研课题，在水土保持生产实践中，总结出了一条水土保持生产部门与科研院所、教学院校相互结合，共同开展水土保持研究，提高水土保持成果水平的成功道路。

按照水利部治理水土流失要实施精品战略的精神，市环保局积极探索水土保持生态园区建设之路。选择一批有代表性的小流域，依照山、水、田、林、路综合治理的成功经验，探索水土流失治理的优化模式，重庆市水土保持生态园区建设的建设目标、建设方法等章程已经基本形成，目前已申报水土保持生态园区建设的区县有 26 个，正在开展前期工作的区县有 15 个，已经启动水土保持生态园区建设的区县有 11 个。

在治理水土流失项目中，面对国家补助标准低、农民土地分散经营、治理后期管护难到位、后期效益差等矛盾，市环保局一直在大胆摸索培植大户承包治理的路子。大户承包治理的规模由前些年几十亩、几百亩发展到现在的几千亩，承包经营者由农民、居民、下岗工人发展到现在的企业老板，甚至还出现了多个企业老板联合承包治理的新现象。到2000 年年底，重庆市已有参与水土流失治理的承包大户 253 户。这些承包大户中，启动比较早的目前都已经取得非常好的效益和回报，年纯收入少的数万元，多的数十万元。承包区的生态环境发生了巨大变化，远看绿满山，近看果满园。有的还成为水土保持的精品工程，治理区达到泥不下山、水不乱流、粮果丰收的景象。

水土保持生态环境建设事业发展到今天，逐渐在全社会达成了防治水土流失、建设秀美山川的广泛共识。市环保局将遵照党中央、国务院提出的西部大开发战略和大力加强水土保持生态环境建设的部署，围绕重庆市经济社会发展总目标，改善生态环境，提高人民生活水平和质量，在新的世纪里，创建水土保持事业的更大辉煌。

第二节　土壤污染防治

随着重庆市城市化建设进程加快，搬迁企业原址土壤污染问题凸显。市环保局按照城区土壤污染预防与治理修复双管齐下的原则，保质保量完成重庆市土壤污染调查工作。扎实推进城区土壤污染防治工作，继续实施北碚、永川土壤污染修复整治工程，在重庆开展全国土壤环境监管试点。

一、土壤污染防治内容

（一）开展全市土壤污染现状调查

掌握全市土壤污染的类型、程度和分布，建成全市土壤污染状况调查样品库和数据库，对重点区域按不同土地利用类型评价土壤环境质量，评估土壤污染风险，划分土壤环境安全等级，分析土壤污染物种类、原因及污染变化趋势。

（二）开展土壤污染监测

根据土壤污染调查结果，明确重庆市重点监测区及重点监测项目。结合“七五”期间土壤调查数据，完善数据库并建立重庆市土壤环境质量信息平台。适应新形势，进一步优化重庆市土壤背景点布设和常规监测污染物类型。

（三）开展土壤污染综合整治示范

重点对持久性有机污染物、重金属污染超标的土壤和城区近郊重点区域受污染的农田土壤进行综合治理，对重庆天原化工总厂、重庆农药化工（集团）有限公司等原址存在较高环境风险的搬迁企业进行重点修复治理，在主城近郊建立重庆污染土壤修复示范基地1～2座。

（四）加强工业用地和工业园区周边土壤污染的监管

禁止将有毒、有害废物用作肥料或用于造田，严禁危险废物占用、污染耕地。强化城区新增建设用地和废弃污染场地的环境监管，组织开展城区搬迁企业原工业场地再利用土壤环境质量评价及风险评估，并依据评估结论对污染原址场地进行治理修复。钢铁、化工等工业用地、固体废物堆放场、军事基地等，在转换土地用途前，必须进行土壤污染风险评估。开展区县工业固体废物堆放场污染状况调查，并对场地污染严重的分批进行整治。

（五）建立土壤污染监控体系

开展土壤农药、化肥残留动态监控，特别加强对无公害食品、绿色食品、有机食品种植基地土壤污染状况的监控，逐步实施定期监测制度。

二、土壤污染防治工作的实施

一是与财政、审计、建设、国土、规划等部门建立了城区土壤环境联合机制；二是从2007年开始，连续三年完成了95家污染搬迁企业原址土壤污染场地调查和定性风险评估，其中在市级财政专项治理资金支持下，完成了87家污染搬迁企业原址土壤污染场地调查和定性风险评估；三是对6家企业原址污染场地进行了定量风险评估；四是开展了重庆博森电器（集团）有限公司等4家企业原址土壤治理修复，其中在2009年12月开展了全国最大的持久性有机污染物污染场地重庆天原化工总厂原址污染场地治理修复工作；五是在全国率先开展土壤污染高风险企业预警及防控体系建设试点，城区土壤污染防治工作得到了环保部充分肯定。

第三节　乡镇企业污染防治

乡镇企业的污染防治在整体上采取“以防为主，防、管、治相结合”的对策，在管理方法上坚持“自然资源的开发利用与保护增殖并重”和“谁污染、谁治理，谁开发、谁保护”的原则。结合重庆市具体情况，对乡镇企业污染防治主要采取了以下措施：

（一）技术预防与整治措施

1. 编制环境区划、实现合理布局

根据重庆市的气候、土壤、资源、交通、人口、经济和文化等不同情况，从区域的角度（不局限于现有行政区划）来协调经济发展、自然资源开发和环境保护之间的关系，确定相应区域的主要功能，发挥各自优势，做到经济、社会和环境效益的统一。

2．充分利用资源优势，大力发展无污染少污染企业

重庆市自然资源十分丰富，风景名胜地众多，农业上盛产茶叶、各种水果和蚕茧；竹、木、麻、藤器和蜀绣是重庆市的传统手工艺品。大力发展小水电、旅游业、种植业、食品加工业、养殖业和手工艺品业等无污染少污染企业。

3．开展乡镇企业污染治理技术和政策、法规的研究

乡镇企业规模小，资金少，生产灵活，转产容易，现有的污染治理工艺及设备不完全适用于乡镇企业。应当研制简易小型而灵活的环保设备以适应乡镇企业的需要。乡镇的环境容量一般较小，应对环境区划或乡镇的环境容量、生态平衡进行全面的研究，以作为制订有关政策、法规和标准的依据。

4．开展乡镇企业污染集中整治

结合小型工业企业集中区、中小型企业创业基地、工业都市楼宇等布局，根据各小型工业企业排水少的特点，建设区域性的集中污染治理设施，已在歌乐山建成 6 座集中污染治理设施，其中怡欣村食品加工点污水集中处理设施投资 300 多万元，规模 500 米^3/天，有效处理了该片区食品废水。

（二）下一步将采取的措施

1．提高环境意识，普及环境教育

乡镇企业的发展涉及千家万户，从多方面以多种方式深入普及宣传环境保护的意义，使得这一工作有一个比较坚实的群众基础，积极推动乡镇企业污染防治。

2. 提高管理水平

市环保局组织各级环保员定期学习，开办乡镇环保员短训班进行培训，提高乡镇环保员业务能力。

3. 严格审批手续

对中央不准兴建的乡镇企业要坚决把关；对产生污染的企业要坚持实行“三同时”制度。

4. 加强立法执法、严禁污染转嫁

乡镇企业多处于环境容量小的乡镇或次级河溪旁，因此，应制订乡镇一级的地方法规和实施细则。

5. 发挥银行职能、严格控制污染

银行应充分发挥经济杠杆作用，对禁办的企业，坚决不予贷款；对污染型企业，应坚持审批手续后贷款；对环保验收不合格企业，应责令返工，拒不执行者收回贷款。

第四节　创建环境优美乡镇

一、生态县（区）创建

巩固巫山、大足等国家级生态示范区建设成果，全面开展大足县、北碚区、璧山县、永川区等 4 个国家级生态县（区）建设，推动渝北区、巴南区、江北区、江津区等 4 个市级生态县（区）建设。

二、生态镇创建

巩固璧山县青杠街道、大路镇、丁家镇、丰都县高家镇、万州区武陵镇、涪陵区大木乡、青阳镇、合川区徕滩镇、江津区油溪镇、长寿区长寿湖镇等环境优美乡镇创建成果，以 105 个中心镇为重点，大力开展生态镇创建工作。力争到 2015 年，新建 90 个市级以上的生态镇。加强分类指导，加快小城镇环境规划编制或修订工作，并按规划组织实施。推广生态镇的创建经验，优化城镇产业发展结构和布局。

三、村庄环境连片综合整治

以重庆主城区、统筹城乡示范区、三峡库区次级河流综合整治重点区域、大型饮用水水库周边区域为主，兼顾县城及建制镇周边区域、自然保护区、旅游区、生态系列创建区等，包括巴南、渝北、九龙坡、沙坪坝、北碚、江北、南岸、丰都、长寿、南川、万州、涪陵、黔江、开县、大足、荣昌、永川、铜梁、璧山、潼南、合川、垫江、梁平、云阳、綦江、万盛、武隆、彭水、巫溪 30 个区县，共 97 个示范片区。重点打造 13 个精品示范区，包括九龙坡梁滩河水源涵养保护示范区、北碚江东旅游农业产业带示范区、渝北特色农业园示范区、巴南花溪河流域综合整治示范区、江北统筹城乡示范区、长寿湖大型饮用水水源保护示范区、南川大观社会主义新农村示范区、开县汉丰湖三峡库区消落带重点保护示范区、涪陵珍溪面源污染综合整治示范区、丰都红岩三峡库区农村移民安置环境综合整治示范区、合川涞滩传统农村风貌建设示范区、大足龙水生态景观重构示范区、璧山凤湖仙山湿地生态保护示范区。重点实施村镇饮用水水源保护、农村饮用水净化工程、村庄垃圾收运系统、村民聚居点污水处理、村民散户污水治理示范、规模化以下的畜禽养殖场污染综合整治、农村清洁能源建设、水葫芦综合整治示范、水产养殖水循环利用示范、重点次级河流面源污染综合控制及生态修复措施、农村老垃圾场封场处理、无主工业渣场整治等工程，解决当前农村的突出生态环境问题。

四、环境保护示范景区

加强旅游环境的生态环境保护和污染防治，提升旅游景区环保基础设施水平，加强自然景观、自然环境和生物多样性保护。完善旅游区生态环境质量评价指标体系，规范和指导各类旅游区、旅游项目的建设和经营，将生态环境保护纳入各级各类旅游规划，推进环境保护示范景区创建。力争到 2015 年，建成 21 个市级环境保护示范景区。

第七章　推行清洁生产

重庆市进一步贯彻落实《清洁生产促进法》，加快清洁生产技术创新研发和推广运用，完善清洁生产的技术标准体系和审核技术指南，依法推进清洁生产。建立生产者责任延伸制度，引导企业广泛采用清洁生产技术进行产品设计，按照绿色产品的要求加快升级换代，实现产品生命周期全过程的资源利用和生态影响最小化。

第一节　清洁生产审核

重庆市自 2005 年开展强制性清洁生产审核工作以来，每年下达强制性清洁生产审核名单，不断加大强制性清洁生产审核工作力度。截至 2009 年年底，重庆市累计完成强制性清洁生产审核企业数达到 154 家，公布污染物排放情况企业数达到 154 家，覆盖了钢铁、有色冶炼、石化、化工、纺织、造纸、制造业、建材、火电和医药等行业。目前，已有 145 家企业完成了强制性清洁生产审核验收（部分企业因停产等原因暂缓实施），共计产生各种清洁生产方案 3 587 项，其中无/低费方案 2 923 项，中/高费方案 664 项。企业在开展清洁生产审核过程中已组织实施各类方案达 3 000 余项，其余方案拟定了实施计划。通过清洁生产方案的实施，企业取得了较好的环境效益与经济效益，累计减少化学需氧量排放 5 500 吨，减少二氧化硫排放 8 800 吨，节水 26 500 万吨，节电 17 500

万千瓦时；清洁生产实际完成投资额 20 270 万元，获得经济效益 26 933 万元，其中节能降耗的经济效益为 26 700 万元，削减污染物排放的经济效益为 233 万元。

其中，比较典型的重庆长寿化工有限责任公司，原本环保欠账多、污染重，通过开展清洁生产审核工作，全面梳理分析工艺、原材料以及管理等各个环节的问题，针对性提出和实施了氯丁胶废气综合利用、干法乙炔改造、氯丁橡胶废水治理等方案，在全厂产能扩大的情况下，污染物排放总量和排放强度反而大幅下降。同时，通过开展强制性清洁生产审核，部分行业清洁生产技术取得进展，在中国环境科学院和国家清洁生产中心帮助下，重庆市率先结合“锰三角”专项整治，开展电解锰行业强制性清洁生产审核试点工作，全面摸清行业污染现状，从工艺等各个环节提出了过氧化氢氧化、电解区和钝化区分开、改进搅拌方式等清洁生产方案，提高了可溶性锰回收率，减少了锰渣产生量，并不断总结电解锰等重点行业审核经验，为行业审核标准制定提出了建议。此外，结合重庆市主城区污染企业搬迁，开展搬迁企业强制性清洁生产审核工作，着重分析搬迁前的污染现状，调查、研究行业先进清洁生产要求，提出并在搬迁后实施工艺更新换代、设备和原辅材料替代、管理制度完善等方案，为企业搬大、搬强、搬好作出贡献，同时也大幅提高企业清洁生产水平，降低了排污强度。

通过清洁生产审核，增强了企业清洁生产的意识，摸清了企业的产排污环节，明确了企业污染治理和节能降耗的重点内容，企业通过在审核过程中实施清洁生产方案，实现了环境保护与经济发展的双赢。清洁生产审核由强制逐渐成为企业的一种自觉自愿行为。近年来，重庆市共有 100 多家工业企业开展了自愿清洁生产审核工作。

强制性清洁生产审核工作的顺利推进和成效的取得，离不开强有力的措施和完善的工作机制。重庆市的主要做法是，建立了一套政策规章体系，做好了两方面的工作结合，强化了三个层面的推进督促，增强了四个方面的工作支撑。

一、建立一套政策规章体系

市政府在2003年就制定《关于促进清洁生产的实施意见》，将清洁生产纳入重庆市国民经济和社会发展规划以及环境保护等规划，作为转变经济增长方式的重要手段。重庆市2007年9月1日修订实施的《重庆市环境保护条例》对强制性清洁生产审核提出更严要求，除“双超、双有”企业外，对排污量大、环境影响较大的企业均要求开展强制性清洁生产审核工作。重庆市环保局连续印发了《关于进一步规范管理清洁生产审核咨询机构的通知》（渝环[2006]31号）、《重庆市强制性清洁生产审核实施办法（试行）》（渝环发[2006]45号）和《关于进一步规范强制性清洁生产审核工作的通知》（渝环发[2008]38号）等规章文件，对强制性清洁生产审核名单的确定、审核工作的开展、强制性清洁生产审核的评审验收、强制性清洁生产审核企业的监督管理、审核机构的管理提出了具体要求，规范了审核工作和验收程序。

二、强化了两方面的工作结合

一是强化清洁生产审核与环保各项工作的结合，重庆市结合各阶段环保工作加大审核力度，对未完成总量减排任务的企业、碳酸锶和电解锰污染整治企业、重金属行业等专项整治企业、创模区县有关企业开展审核工作，促进企业实施清洁生产，提高污染防治水平，推动节能减排目标的实现。二是强化与市发改委、市经济和信息化工作委员会等市级部门工作的结合，建立联动工作机制。对通过强制性清洁生产审核论证提出的循环经济示范项目，由市发改委争取国家资金支持，已上报拉法基水泥厂等56个项目。对通过审核论证提出的技术应用示范、推广示范项目由市经济和信息化工作委员会争取国家资金支持，已上报南松医药等5家企业。建立审核联系工作机制，定期将要求开展审核的企业、审核通过的名单报送证监和金融部门，推进绿色信贷。按照国家有关规定，对清洁生产设备（产品）和节水设备（产品）给予税收减免鼓励，对符合国家资源综合利用条件的企业进一步落实税收优惠政策。

通过清洁生产审核的重庆环球石化有限公司将甘薯制酒精过程中产生的酒糟，经过厌氧处理生产沼气（8 万米^3/天）用于企业自建锅炉的辅助燃料，每年可节约 3200 吨标煤，同时减少 SO_2、CO_2 以及烟尘等废物的排放。重庆长扬热能有限公司的蒸汽锅炉采用循环流化床固态脱硫工艺，脱硫效果显著，有效减少了 SO_2 排放量；将蒸汽生产过程中产生的约 12 万吨煤渣用做重庆润江水泥有限公司生产水泥的原料，实现一般工业固体废物零排放。

三、做好了三个层面的督促推进

由市环保局确定每年的审核重点行业，在征求区县意见的基础上下达年度强制性清洁生产审核计划，并召开新闻发布会，在主要媒体公布审核名单，定期、不定期检查督促，组织开展评审验收，对没有按时上报审核计划、公布产排污状况或完成强制性清洁生产审核工作的企业进行督办、通报。召开重庆市清洁生产审核工作会议，将审核工作开展情况作为区县环保系统考核的重要工作内容，由区县环保部门负责日常的监管和具体的指导、督促工作，定期上报审核工作进展，对未按要求完成企业的实施处罚。召开重庆市清洁生产审核工作推进会，由企业清洁生产审核领导小组和主要领导具体抓，强化公司员工的参与度，要求的宣贯培训、征求意见、总结验收等程序一个都不能少，一环扣一环，层层抓落实。

四、增强了四个方面的工作支撑

一是增强审核结果应用的支撑，将清洁生产审核与环境管理相结合，将强制性清洁生产审核作为企业申请上市和再融资环境保护核查、国家和市级污染治理资金补助以及创建环境友好企业的重要条件，将清洁生产审核报告提出的清洁生产目标作为企业污染减排、排污申报、排污许可证核发的重要依据。审核验收过程中，强调污染源和产污排污状况要清楚，要求验收前后进行对比监测，通过监测报告计算和物料衡算得出相关污染物浓度、总量数据，与排污许可证等进行核实对比，对企业排污申报不实和存在超标、超总量的提出整改方案。对审核发现的落后产能移交经济主管部门督促淘汰。对审核发现的环境监测、监察等管理问题，要求区县环保部门整改完善，有效促进了环保各项工作的开展。二是增强了审核咨询单位和专家队伍的技术支撑，重庆市目前有审核单位 28 家，相关技术人员 300 多名，为顺利推进审核提供了强有力的技术支撑。对审核单位实行分行业的资质管理，提高了行业准入标准，建立了咨询机构退出机制和年度考核制度，开展了咨询机构清洁生产审核报告质量审查，对咨询机构存在的问题进行了通报，切实提高审核报告质量。建立了重庆市清洁生产审核专家库，落实了清洁生产审核、环境保护方面的专家以及化工、石化、医药等行业专家，除环保部门组织专家评审验收外，咨询单位和企业还依托环保和行业专家的力量，在审核开展过程中就邀请专家参与，着重从生产全过程找出问题症结，提出可行方案。三是加大了资金投入的支持。重庆市每年从市级环保排污费中安排专项资金对强制性清洁生产审核企业给予资金补助支持，累计对审核工作安排补助资金 533 万元。此外，对企业通过审核提出的中/高费方案从市级排污费中安排专项资金予以优先支持。四是增强审核社会监督工作支撑。在确定年度清洁生产审核计划后，重庆市均召开新闻通报会，并在主要媒体和市环保局网站上公布审核名单，由新华网、人民网、中国环境报、重庆日报、重庆电视台、重庆电台等 20 多家媒体对审核工作开展情况进行了报道。要求企业在当地媒体上公布产污、排污状况，接受社会公众的监督。建立清洁生产激励机制，将通过审核的企业向社会宣传和公布，以帮助企业树立良好的企业形象，提高企业知名度和产品竞争力。

第二节 节能减排

“十一五”前四年，重庆市节能减排成效明显。全市化学需氧量、二氧化硫排放量较2005年均分别下降10.86%，累计完成“十一五”目标任务的96.96%和91.26%。万元GDP能耗和规模以上企业万元工业增加值能耗前四年累计下降17.1%和32.5%。2010年上半年，重庆市将提前完成国家下达该市“十一五”化学需氧量和二氧化硫总量减排11.2%和11.9%的目标任务，到年底超额完成任务。在节能方面，重庆市主要抓了以下工作：

一、抓好重点地区节能

重点指导大渡口、九龙坡、江津、长寿、万州、涪陵等经济总量大、能耗总量高的地区的节能工作，要求各重点区县编制节能工作方案，通过加强对重点地区节能工作的指导，带动了其他区县节能工作，促进了重庆市能耗的下降。目前，重点地区节能工作各具特色，大渡口区创新激励机制，对企业节能项目、产品、设备给予一定的税收减免，并对企业完成节能目标的给予一定奖励。九龙坡区抓好能耗对标工作，建立能耗对标企业信息库，开展写字楼、医院、学校、市政设施及大型公共建筑、政府机关节能工作。江津区设立行政执法队伍，加强节能培训，强化节能执法。长寿区积极推进化工园区发展循环经济，通过发展循环经济促进节能降耗。万州区建立区级节能专项资金，采用贷款贴息、补助方式，用于节能技术改造、高效节能产品和节能新技术推广。涪陵区建立动态跟踪与交流机制，加强对重点用能企业节能工作的指导。

二、抓好重点领域节能

（一）公共机构节能

市机关事务管理局加强国家机关办公建筑和大型公共建筑节能监测平台建设，对 57 个单位国家机关办公建筑和大型公共建筑能源消耗情况进行审计和公示，对市农展中心和市移动总部大楼节能改造试点方案进行审查。加强市级机关资源节约队伍建设，培养了一批熟悉政策法规和业务技能的队伍。完善机关资源消费状况统计报表制度。开展机关高效照明产品的推广应用。

（二）工业领域节能

1．重点抓好化工、建材、煤炭、冶金、电力等高耗能行业节能工作，制定了行业节能工作指导意见

化工行业重点引进 MDI 一体化项目，提高天然气资源利用的附加值；建材行业加大现有水泥生产线技术改造，并配套建设低温余热发电装置，降低单位产品水泥能耗；煤炭行业加大整合力度，“十一五”以来，累计整合小煤窑 379 个，提高煤炭开采的安全性和资源利用率；冶金行业重点实施重钢环保搬迁，并以此为契机，整合重庆市钢铁产能，提升行业总体水平，并在搬迁中发展循环经济和清洁生产，达到节能减排目标；电力行业认真贯彻节能发电调度，优先安排水电等可再生能源发电机组，2008 年，水电主网装机 248 万千瓦，同比增长 265%，发电量 61.5 亿千瓦时，同比增长 186%，水电装机利用小时数 3 657 小时，同比增长 5.7%。

2．通过淘汰落后产能促进节能减排

重庆市是一个老工业基地，历史的原因造成了工业布局不合理，能耗高、污染大的产业比重偏高。重庆市又是一个经济欠发达的直辖市，需要加快发展。因此，重庆市发展与节能减排的矛盾非常突出，只有加快淘汰落后产能，才能保证重庆市经济的持续快速发展。“十一五”期间重庆市加大工程和结构减排实施力度。

①重点实施污染治理项目，新建和改造燃煤火电机组脱硫设施 33 项，新建和改造工业炉窑脱硫设施项目 86 项，新建污水处理厂 95 家，新建或改造工业企业污水处理设施 148 家。

②大力淘汰落后产能，关停小火电机组 48.61 万千瓦，淘汰小水泥生产能力 600 万吨，关停小水泥项目 39 项，关停建材、化工、冶金等高耗能行业的落后产能和落后生产线 194 项，关停工艺落后、污染严重企业 131 家。

③积极调整能源产业结构，实施燃煤清洁能源改造措施 108 项，实施污染企业搬迁改造 63 项。

3．开展 74 户重点用能企业能源审计和节能规划编制工作

目前属于国家“千户企业”的 14 户重点用能企业已完成能源审计和节能规划编制工作，60 户市级重点用能企业能源审计和节能规划编制工作已完成 43 户。

4．强化企业节能基础管理

为加强企业能源统计，举办了企业统计及能源管理知识培训班；为加强企业完善能源计量，各重点用能企业与市质量技术监督局签订了《共同推进耗能企业能源计量工作责任书》，并以此配备能源计量器具、仪表，建立能源计量器具台账。

5. 实施重点节能工程

2008 年，重庆市重点推进了工业企业“十大”节能技术改造项目。在工业企业节能减排技术改造方面，有中央和市级两级财政资金投入的技改项目 134 个，总投资 31 亿元，财政资金补助 2.47 亿元。其中，国家补助项目 38 个，总投资 16 亿元，补助 2.1 亿元。这批项目完成后，年可节约 110 万吨标煤。

（三）建筑领域节能

执行建筑能效测评与标识制度，强化节能初步设计专项审查和施工图抽查制度，完成了市管项目建筑能效测评标识和建筑节能初设专项审查。推进公共建筑节能 65%标准的编制，为强制执行节能 65%标准打下基础。开展震后外墙外保温受损情况调研。加强可再生能源示范项目指导，促进可再生能源建筑应用。坚持“禁止限制”和“推广应用”并重，推进建筑节能产业发展，完成建设领域限制、禁止使用落后技术筛选工作。

（四）交通领域节能

改进交通基础设施条件，加快高速公路、农村公路、码头航运枢纽建设，提高交通系统节能水平。推进运力结构调整，提高运输装备水平，对新增标准化、系列化、大型化优质运力予以政策和资金支持，重庆市水运行业船舶平均吨位上升到 1 100 吨。强化运输组织管理，抓好运输环节节能，对主城区 6 000 辆公交客运车辆安装了 GPS 调度系统，在营运驾驶员从业资格考核中增加节能驾驶知识的考核内容。推进交通信息化建设，完善出租客运企业 GPS 监管平台和重庆市水上交通信息管理系统。积极发展轻轨交通，降低城市交通能源消耗。

（五）农业领域节能

积极推进沼气、秸秆气化炉、太阳能热水器三大农村能源建设项目。沼气利用方面，推进农村生态富民家园建设，累计建成户用沼气 85.6 万户，年产沼气 3.30 亿米^3。秸秆气化方面，对不适宜建设户用沼气的农户鼓励发展秸秆气化炉，并给予一定的资金支持。太阳能利用方面，在永川、南川、黔江、开县、万州等区县推广太阳能热水器 8000 余台。在推进三大农村能源建设项目同时，加强农村技术培训指导和服务体系建设，累计共举办技术培训 12 期，培训新增沼气工 1160 人，重庆市持证技工达到了 5264 人，完成了 50 个镇级服务站、503 个村级服务点建设。

（六）商业领域节能

认真贯彻执行“限塑令”，加强重百、新世纪、好又多、家乐福等商场、超市以及农贸市场对“限塑令”执行情况的监督检查。开展“零售业节能行动”，重点推动商业企业照明、空调、电梯及其他能耗设备的节能技术改造，引导和鼓励企业使用节能灯具、变频空调、节能型冷藏设备、自动控制扶梯等节能设备和技术。加强大型零售企业能耗的统计分析和成本核算，制定节能目标和措施，并加强考核。

（七）绿色照明节能

根据国务院《关于印发节能减排综合性工作方案的通知》（国发[2007]15 号）和国家应对气候变化及节能减排工作领导小组第一次会议决议，国家发改委、财政部从 2008 年起在全国推广财政补贴高效照明产品。采用中央财政对大宗用户每只高效照明产品，按中标协议供货价格的 30%给予补贴；对城乡居民每只高效照明产品，按中标协议供货价格的 50%给予补贴的办法，鼓励城乡居民和大宗用户，积极购买使用财政补贴高效照明产品，让成千上万城乡居民和大宗用户得到实惠，实现绿色照明节能。按照国家发改委、财政部的安排，重庆市 2008 年财政补贴高效照明产品推广任务 50 万只。为完成国家下达的推广任务，市经委发挥牵头作用，会同市财政局和各区县政府，历时半年多时间，推广了 80 万只，超额 30 万只完成了推广任务，形成社会节电量 2400 万千瓦时，给城镇居民和大宗用户带来 600 万元的实惠，为重庆市节能减排作出了贡献。

三、全力做好主要污染物减排

“十一五”期间，重庆市社会经济高速发展，GPD 增速位于全国前列，在市委、市政府的高度重视下，重庆市切实加强总量减排工作，加快环保基础设施建设，实现了县县建成污水处理厂，加大燃煤脱硫设施的改造，关停了一大批小火电、小水泥等落后产能，加强环保监督管理，确保污水处理厂和燃煤电厂等重点减排项目稳定运行，总量减排工作取得了较好成绩。化学需氧量和二氧化硫分别减排 12.82%和 14.04%，超额完成了 11.2%和 11.9%的五年目标任务，超额完成率分别为 15%和 18%，超额完成率名列西南地区第一，西部地区第二。

重庆市通过大力推进工程减排、结构减排和管理减排，取得了良好成效，除了污染物总量下降外，还促进了环境质量改善、产业结构转变、加快了治理设施建设，提升了环境监管能力和全社会的环保意识。一是污染物排放量大幅度下降，实现了超额完成目标任务。二是环境质量逐步改善。截至 2010 年，主城区空气质量优良天数为 311 天，占全年天数的 85.7%，为开展空气质量日报以来的最好水平。长江、嘉陵江、乌江重庆段水质保持稳定，23 个断面水质均满足Ⅱ类。三是环保治污设施取得重大进展。率先在西部实现了县县建成污水处理厂；率先对燃煤电厂和 20 蒸吨以上锅炉全部新建或改造了脱硫设施；工业污染治理设施建设取得重大进展。四是促进了产业结构转变。关停淘汰了一大批生产能力低和生产线设备落后的企业，并着力培育战略性产业，促进产业结构由重向轻转变，取得显著成效。五是环境监管能力显著提升。监测、监察、统计、信息化能力均得到大幅的提升。六是全社会环保意识明显提高。领导干部处理环境与发展问题的综合决策能力明显提升，人民群众保护环境的意识也有明显增强。

“十一五”以来，重庆市按照国务院《关于“十一五”期间全国主要污染物总量控制计划的批复》及重庆市人民政府与原国家环保总局签订的《“十一五”总量削减目标责任书》的要求，在环保部的指导下，坚持以科学发展观为指导，正确处理经济社会发展与环境保护的关系，采取有效措施，切实抓好污染减排工作，取得了良好效果。

（一）“十一五”污染减排工作主要做法

1. 加强组织领导，落实减排责任

（1）领导高度重视，组织保障有力

“十一五”污染减排工作开展以来，重庆市高度重视，成立了以市政府主要领导为组长的节能减排工作领导小组，市经济信息委、市环保局、市发展和改革委、市市政委、市统计局、市电力公司等相关部门为成员单位，领导小组下设节能减排办公室，同时下设污染物总量减排办公室，负责全面推进全市的减排工作，统筹解决减排工作存在的问题，各区县（自治县）政府和市政府有关部门成立了相应的组织机构，落实了工作人员和经费，从体制上保障了污染减排工作的有力开展。

（2）部门分工合作，形成联动格局

市级各部门按照市委、市政府的统一要求，认真履行职责，密切配合，通力协作，全市上下形成了抓污染减排工作的合力。环保部门与发改委、经信委、建委、市政委、工商、统计等部门和市电力公司、能投

集团、电力协会、水务集团、水投集团等单位密切配合，加强对污染减排工作的协调，定期或不定期对电力调度、电煤供应情况、电力脱硫设施改造等情况进行会商，对污水处理厂的建设、运营、污水管网建设等情况互通信息，对产业结构调整政策的执行情况等进行交流，确保污染减排工作有序进行。

（3）落实目标责任，任务分解到位

2006年，通过市政府办公厅《关于印发“十一五”化学需氧量及二氧化硫总量控制计划的通知》（渝办发[2006]196号）及市政府与各区县政府签订了《“十一五”化学需氧量 二氧化硫总量削减目标责任书》将全市的总量指标分解到了各区县。从2007年起，每年初重庆市召开的环委会上，都将审议全市及各区县的年度目标任务，并由市委办公厅、市政府办公厅下达，每年的任务都落实到了各区县、部门和具体的减排项目，并明确了每个项目的责任单位和完成时间。

2．强化调度督办，形成工作合力

从2007年起，市政府分管副市长每季度召开了由市政府有关部门、有关区县（自治县）政府分管领导和环保局局长参加的污染减排调度会议，督办检查污染减排工作开展情况、重点减排项目实施进展情况，研究解决工作推进中存在的问题。同时，建立了环保、发改、经委、统计、市政、电力、水务、煤炭等重要职能部门污染减排联席会议制度，定期研究有关问题，协同推进污染减排工作。

市委督查室、市政府督查室和市监察局加大减排督查督办力度，将污染减排纳入市委、市政府重大事项的督查范围和行政效能监察范围，结合党政一把手环保实绩考核的日常检查，加强重点督办，特别是对主城排水工程、三级管网建设、燃煤电厂烟气脱硫等重点减排项目进行了跟踪督办推进。各区县（自治县）党委、政府的督查监察机构，也加强了对辖区内污水处理厂及管网工程等重点减排项目督查督办，确保按时完成污染减排任务。

3．建立长效机制，规范减排管理

（1）批项目核总量制度

2008 年 3 月，市政府办公厅印发了《关于印发重庆市工业项目环境准入规定的通知》（渝办发[2008]62 号），要求工业项目的清洁生产水平必须达到国家水平以上，从严控制工艺落后、能耗高、污染严重、附加值低的项目，要求新增污染物的企业必须落实总量来源，从源头上控制新增量的产生。2008 年 11 月，市环保局印发了《关于印发重庆市建设项目主要污染物总量指标管理办法（试行）的通知》（渝环发[2008]120 号），把污染物总量指标作为审批项目环评的前置条件，将总量控制作为环保验收的基本要求，凡新增化学需氧量或二氧化硫排放量的项目，均要求落实指标来源后，环保部门才审批环评文件；对于有替代削减方案或“以新带老”的建设项目，在环保验收过程中，同时对替代项目和“以新带老”项目进行同步验收，从程序上把住新增量的关口，确保新增量控制落到实处。

（2）计划管理制度

重庆市根据经济社会发展规划，科学制定年度减排计划，市减排办每年第四季度召开全市减排工作会，重点分析减排形势，预测下一年度主要污染物新增量，确定减排目标及重点减排项目，制订下一年度主要污染物污染减排计划。各区县减排部门按照相关要求制定相应的减排计划，对减排项目分解到相关具体单位，确保减排工作做到早部署、早安排。

（3）督办预警制度

2008 年 12 月，市环保局印发了《关于印发重庆市主要污染物总量减排预警制度（试行）的通知》（渝环发[2008]154 号），对污染减排机制未建立或不完善、污染减排项目进度滞后、污染防治设施运行不正常、建设项目新增污染物排放量超过预测新增量而未追加减排项目的区县（自治县），及时进行了督办，并针对存在的问题及时进行了预警。截至2010年上半年，市减排办共对各区县（自治县）、市级有关单位、有关企业发出了132份预警通报，提出了整改要求，及时解决了减排工作中出现的问题，从反馈的情况看，均能高度重视，并采取有效措施加以解决。

（4）考核问责制度

根据《重庆市主要污染物总量减排考核办法》的规定，重庆市将污染减排指标完成情况纳入了区县（自治县）党政“一把手”环保实绩考核、区县（自治县）领导干部和领导班子考核的内容，并实施严格的考核奖惩制度。2007年和2008年，分别有2个区县因未能完成市政府下达的年度污染减排任务，被实施了区域限批，年度党政“一把手”考核被评定为实绩较差，严格的考核制度，促进了污染减排各项工作的顺利推进。

4．建设三大体系，提升监管能力

污染减排统计、监测和考核的“三大体系”作为强化政府和企业责任，确保实现“十一五”污染减排目标的重要基础和制度保障，重庆市高度重视，制定了《主要污染物总量减排统计监测及考核办法》，将“三大体系”建设摆上了重要议事日程，多次召开专题会进行研究，明确任务、落实责任，周密部署、科学组织，取得了较好成效。

（1）统计体系建设情况

①建立完善污染减排统计协调机制，由市环保局负责统一部署、指导各区县的污染减排统计工作，管理、发布全市污染减排统计信息，市发展改革委、市经委、市市政委、市统计局等相关部门配合完成相关工作。同时，市环保局、市统计局、市发改委、市经委等部门定期召开污染减排统计工作协调会议，通报有关情况，协调解决有关问题。

②建立污染源基础数据的信息化统计，市环保局组织实施的“重庆市环境保护基础数据库及 GIS 服务平台”，在全面分析、整合环境数据及应用要求基础上，建成了“图表融合、信息共享、动态更新”的全要素基础数据库，实现了污染源普查数据、环境质量自动监控和重点污染源在线监控动态数据的“图文一体”统计分析，为减排工作打下了坚实的基础。

③加强统计队伍和能力建设，通过中央财政专项资金环境统计能力建设项目，为全市各县区环境统计工作配备笔记本电脑 60 台，台式电脑 60 台，激光打印机 40 台，传真机 40 台，为开展环境统计工作提供了有力保障。加强基层环境统计人员业务培训，积极组织全市所有区县参加了环境统计业务培训班，以提升统计队伍的业务素质。

（2）监测体系建设情况

①制定监测体系建设计划和实施方案，保障规范运行。制定了全市减排体系建设计划、环境监测工作要点和重点污染源监督性监测实施方案，保障了主要污染物减排监测体系的正常运行。

②加强监督性监测和质量管理，为掌握污染源排放状况提供技术支撑。开展了全市监测质量督查、考核和比对工作，组织对各区县环境监测质量和监督性监测质量进行了专项督查和监测数据的质量抽查，总体情况良好。

③加强在线监测系统建设和数据有效性审核，为环境管理提供科学依据。组织开展了在线监测数据的有效性审核，将通过有效性审核的数据主要用于环境执法、排污收费、脱硫电价核算和总量核算等。

（3）考核体系建设情况

①对污染减排任务的完成情况严格进行考核，并纳入党政“一把手”政绩考核。市委、市政府制定了《重庆市党政一把手环保实绩考核办法（试行）》和《重庆市主要污染物总量减排考核办法》，将污染减排任务的完成情况列为了重要内容进行严格考核，并纳入了党政领导的政

绩考核。

②污染减排在考核中所占比重逐年上升，考核内容逐年丰富。2006年污染减排任务仅要求主要污染物排放总量控制指标和削减任务分解到排污单位，分值为1分；2007年，既明确要求完成年度减排重点项目，还要求完成减排基础工作，如制定污染减排年度计划等，分值为9分；2008年，要求完成年度减排重点项目，分值为10分；2009年，除要求完成年度减排重点项目，还将日常督查情况纳入考核，分值为10分。

5. 实施三大措施，确保工作实效

（1）狠抓工程减排

全市所有的燃煤火电机组和20蒸吨以上的燃煤锅炉全部新建或改造了脱硫设施，实施了清洁能源改造；城市污水处理厂实现了县县建成，并建成了一大批小城镇污水处理项目，工业企业全部进行了污染治理，基本做到稳定达标排放。

（2）强化结构减排

截至2009年年底，重庆市关停淘汰了一大批落后生产能力和落后生产线，包括31台35.86万千瓦小火电机组、181条758.4万吨小水泥厂、350万吨小钢铁、0.75万吨小造纸、10万张小制革、7万吨小电石等。

（3）深化管理减排

市环保局成立了在线监测处，加强对污染物排放的监管，并积极推进污染物排放在线监测装置安装，全市所有的污水处理厂和重点燃煤设施均已安装了在线监测装置，现全市已有225家重点企业完成了自动监控系统现场端建设，并于环保部门联网，通过科学严格的环境监管措施，进一步巩固了污染减排的效果。

6. 运用多种手段，创新推进模式

（1）严格执行污染减排经济政策

认真落实国家关于脱硫电价和污水处理厂水质核定的政策规定，市物价、环保部门联合下发了关于贯彻燃煤发电机组脱硫设施投运率核定的规定，将脱硫电价与设施综合脱硫效率挂钩、与在线监测的建设和运行挂钩。由环保部门对全市 46 家污水处理厂核定出水水质，核定数据作为拨付污水处理费的依据。通过脱硫电价核减和污水处理费核定，有效促进了污染治理设施的正常运行。

（2）积极探索排污权交易试点工作

2009 年 9 月，市政府印发了《重庆市主要污染物排放权交易试点方案》，批准成立了排污交易管理中心，并于 2009 年 12 月 25 日成功举行了主要污染物排放权首批交易。排污权交易的实施，对于探索资源环境价格形成机制，促进企业提高污染治理水平，减少污染物排放，加快落后产能淘汰步伐，进一步优化重庆市产业结构将发挥积极的作用。

（3）大力实施环保搬迁工程

为改善主城区环境质量，消除环境安全隐患，按照“退城进园、搬大搬强、消除污染”的原则，加快了主城区污染企业环保搬迁的步伐现已累计完成搬迁 95 户，通过搬迁，提升了工艺技术和装备水平，提高了资源利用效率，优化了产品结构，减少了污染物排放。

（4）全面开展“绿色信贷”工作

人民银行重庆营业管理部印发了《重庆市金融机构信贷政策导向效果评估试点暂行办法》，将绿色信贷政策执行情况列入对金融机构考核的必选考评项目，重点考核“贯彻落实国家绿色信贷政策”、“节能环保贷款余额增速”、“节能环保贷款当年新增余额在所有被评估机构中的比例”等指标。市环保局定期向人民银行重庆营业管理部提供相关环保信息，将“环评”、“建设项目‘三同时’”、“强制清洁生产审核”等环保

信息纳入中国人民银行征信系统，将环保信用与信贷相结合，促进企业环保诚信排污，守法排污。

（二）“十一五”污染减排工作取得的成绩

1. 减少了污染物排放

（1）化学需氧量减排情况

截至 2010 年上半年，重庆市共完成化学需氧量减排项目 402 项，削减化学需氧量 15.98 万吨。一是工程治理减排项目 245 项，削减 15.27 万吨，其中污水处理厂项目 152 项，削减 13.72 万吨；其他工程治理项目 93 项，削减 1.55 万吨。二是结构调整项目 157 项，削减 0.71 万吨。扣除 12.88 万吨的新增量后，实际减排 3.10 万吨。

（2）二氧化硫减排情况

截至 2010 年上半年，重庆市共完成二氧化硫减排项目 454 项，削减二氧化硫 29.54 万吨。一是工程治理项目 166 项，削减 20.52 万吨，其中电力工程项目 29 项，削减 16.29 万吨；非电工程项目 137 项，削减 4.23 万吨。二是结构调整项目 288 项，削减 9.02 万吨，其中电力调整项目 13 扣除项，削减 3.68 万吨，非电调整项目 275 项，削减 5.34 万吨。扣除 19.30 万吨的新增量后，实际减排 10.24 万吨。

2. 改善了环境质量

（1）大气环境质量改善情况

2005 年以来主城区空气质量满足二级天数比例见图 7-1，可见满足二级天数比例呈逐年上升的趋势，2009 年主城区满足二级天数比例最高达 83.0%，较 2005 年上升了 10.1 个百分点。

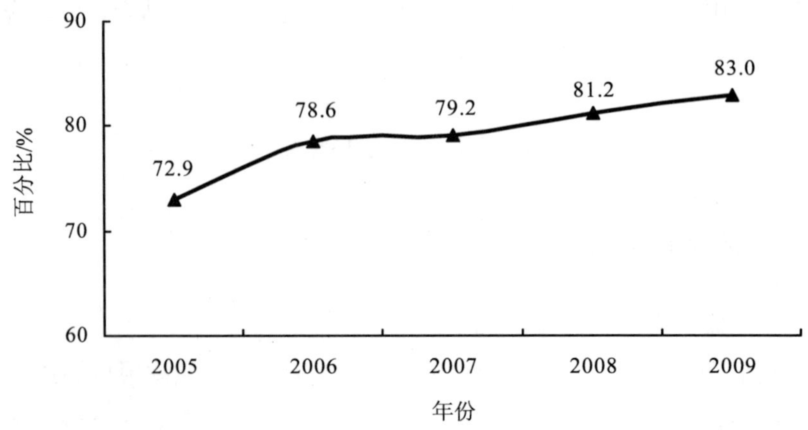

图 7-1　2005—2009 年主城区空气质量满足二级天数比例

空气综合污染指数年际变化见图 7-2，从 2005 年起有明显的下降趋势，2009 年综合污染指数达到最低为 2.4，较 2005 年下降了 20.5 个百分点。

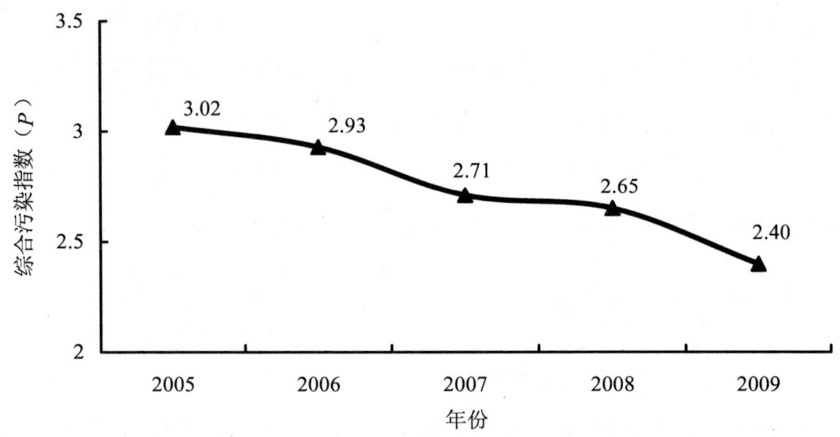

图 7-2　2005—2009 年主城区空气综合污染指数年际变化

主城区空气主要污染物年际变化见图 7-3，可吸入颗粒物、二氧化硫和二氧化氮浓度总体呈逐年下降的趋势，2009 年达到最低值分别为

0.105 毫克/米^3、0.053 毫克/米^3 和 0.037 毫克/米^3，较 2005 年分别下降 12.5、27.4 和 22.9 个百分点。

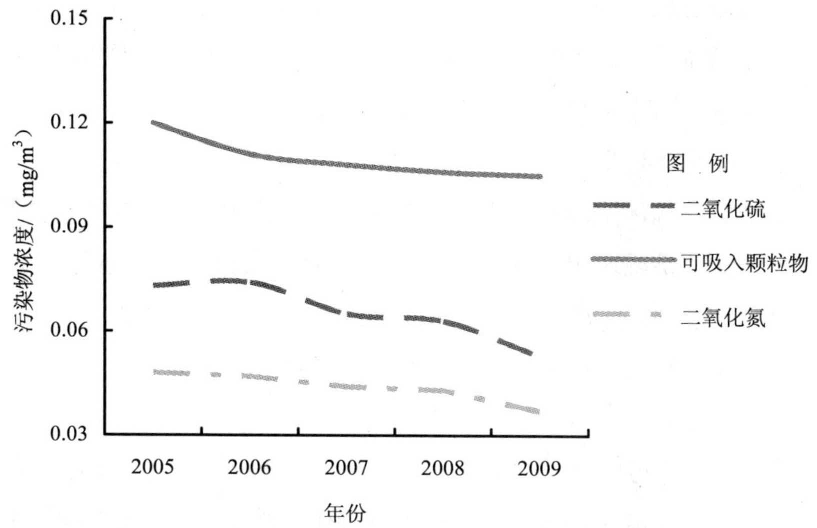

图 7-3　2005—2009 年主城区空气中主要污染物浓度年际变化

总体来看，2005—2009 年主城区空气质量满足二级天数比例呈逐年上升的趋势，空气综合污染指数有明显的下降趋势，主城区空气主要污染物浓度均呈下降趋势，主城区空气质量有显著改善。

（2）水环境质量变化

2005—2009 年，长江、嘉陵江和乌江重庆段水质变化情况见表 7-1。由表可见，2005—2009 年“三江”重庆段水质满足 II 类的断面比例均在 80%以上，2009 年最高，为 91.3%。

表 7-1　2005—2009 年长江、嘉陵江和乌江水质评价类别评价结果统计

年份	2005	2006	2007	2008	2009
水质类别满足 II 类的断面比例/%	81.5	90.9	85.7	90.5	91.3

说明：采用 pH、溶解氧、高锰酸盐指数、五日生化需氧量、氨氮、汞、铅、挥发酚和石油类等 9 项指标进行水质类别评价。

3. 推进了经济增长方式转变

①市政府出台的《重庆市工业项目环境准入规定》，从严控制工艺落后、能耗高、污染严重、附加值低的项目，要求工业项目的清洁生产水平必须达到国家水平以上，从源头上控制了“两高”项目的上马，严格控制污染物新增量。

②通过实施污染减排推进主城企业的环保搬迁，为改善环境质量，重庆市按照“推城进园、搬大搬强、消除污染”的原则，加快了污染企业的环保搬迁步伐，通过搬迁，提升了工艺技术和装备水平，提高了资源利用效率，优化了产业结构，减少了污染物排放。

在严格执行环保准入规定和强力推进落后产能淘汰的同时，重庆市大力发展 IT 等污染物排放量小、附加值高的产业，促使经济结构发生转变。在重庆市确定的重点发展的天然气化工产业、软件及外包产业、信息家电产业等 9 大新兴工业集群中，已经没有重污染产业，这既增强了经济竞争实力，又减少了污染物排放、保护了环境，实现了经济发展和环境保护的“双赢”。

4. 环保地位得到提升

（1）环保自身能力得到提高

①环保队伍得到增强。2008 年 5 月，重庆市编制委员会批复，同意市环境保护局设立污染物减排处和重庆市环境保护督查办公室，增加局机关行政编制 15 名。2009 年 6 月 18 日，重庆市政府批准了《重庆市环境保护局主要职责内设机构和人员编制规定》，将重庆市环境保护局列为市政府组成部门，内设机构增加至 16 个处室，行政编制由 2005 年的 90 人增加至 130 人。全市环保系统人员编制由 2005 年底的 1913 人增加至 2009 年底的 2561 人。

②监测能力得到加强。实验室分析方面，40 个区县形成实验室监测

分析能力平均 79 项，比“十五”末增加 18 项，实现了 6 个片区中心区域性特征污染物的监测能力、40 个区县站环境常规监测能力的规划目标；市监测中心形成监测能力 400 项，较“十五”末增加 193 项，形成满足国家监测技术路线所要求的全部监测项目能力，基本实现跨入先进省级站行列。自动监测方面，全市已建成空气自动站 56 个，降水自动采样系统 47 套，构建了包括无机常规因子和有机因子的大气超级站和水质超级站，实现了重点饮用水水源地包括有机物在内的 20 多个项目自动监测、环境空气中有机物自动监测、环境空气激光雷达监测；建成主城功能区噪声自动监测站 21 套，开展了全市环境空气质量日报、出入境断面和主要饮用水水源地水质周报、主城功能区环境噪声日报。应急监测方面，构建了由一个应急监测中心和六个应急监测分中心组成的全市应急监测网络，为 40 个区县配备了监测车、为库区 9 个区县配备了监测船、便携式分析设备及水上救生设备等应急监测设备，为市监测中心配备了流动监测车，建成了集应急监测、监督性监测、在线比对监测等多功能现场监测于一体、平战兼顾的流动实验室。环境监测站标准化建设方面，重庆市制订了《重庆市环境监测站建设标准》（试行）、《重庆市环境监测站标准化建设达标验收方案》、《重庆市环境监测站标准化建设达标验收实施细则》，对区县环境监测站提出了人员、经费、实验室、设备以及管理方面的要求，并将其纳入了环保系统目标考核和区县党政“一把手”环保实绩考核内容，与 2005 年相比，2009 年全市监测人员编制数由 705 人增加到 948 人，监测业务用房由 35 000 多平方米增加到 46 000 多平方米，有力推动了环境监测站标准化建设。

③监察能力得到加强。在队伍建设及装备方面，全市 41 个环境监察机构已全部完成“推公”工作，依照国家公务员制度进行管理，并有 14 个环境监察机构升格为副局级单位。全市环境监察岗位总编制数 1 905 人。2006 年，重庆市环境监察总队通过国家一级标准化建设达标

验收，40 个区县中已有 26 个区、县（自治县）完成国家一级标准化建设达标验收工作。全市 41 个环境监察机构拥有办公用房 11461 平方米，执法车辆和应急车辆 192 辆，摄像机、照相机、烟气黑度计、声级计、酸度计、录音笔、水质快速测定仪等取证设备 1471 台（套），传真机、计算机、电话、打印机等办公设备 1892 台（套）。在环境监察执法方面，建成“12369”环保投诉举报受理热线，近年来共受理群众投诉近 18 万件，并做到了群众投诉“件件有回复，事事有回音”，使一批群众关心的环境热点、难点问题得到了切实解决。建成环境应急指挥系统，加强了环境污染事故应急处置的信息化建设，对易发生污染事故的单位建立了污染源及污染事故隐患动态档案。全市各级环保部门已成功处置了“开县高桥镇井漏事件”、“泸州发电厂柴油泄漏”、“铜梁久远河煤焦油泄漏”等 107 余起环境突发事件，获得了环保部和市政府的好评。

（2）环保参与政府综合决策得到加强

2008 年 3 月，市委办公厅、市政府办公厅印发了《关于进一步建立和完善我市环境保护工作长效机制的意见》（渝委办发[2008]11 号），明确了完善环境保护与经济发展综合决策机制，规定了重大决策（政策）必须经过充分的环境影响论证，招商引资项目环保部门要提前介入，建立了总量控制和污染减排工作体系等新的环保工作机制，在全市形成了相关职能部门各司其职，全市齐抓共管的工作局面。同时，建立了重大决策（政策）、重点项目出台前的会商制度，市政府及相关部门在制定重大政策或做出重大决策、重大规划、研究重点项目时，对环境可能造成影响的，都听取了环保部门的意见和建议，对决策、政策、项目实施后可能带来的环境影响都进行了充分论证，提出切实可行的对策措施，实现经济发展和环境保护的“双赢”，促进了经济与环境协调发展。

（三）重庆主要污染物总量减排工作的特点

1. 强化组织领导是做好污染减排工作的基础

市委、市政府高度重视环境保护和污染减排工作。2007 年 8 月，市政府成立了重庆市节能减排工作领导小组，由市长亲自挂帅，同时设立了污染物减排办公室。2008 年 5 月，市政府印发了《关于加强主要污染物总量减排工作的实施意见》，就加强污染减排工作提出了具体意见。组织的强化，领导的重视，部门的配合，使污染减排工作在全市上下形成了浓厚氛围，形成了污染减排工作市委、市政府统一领导，主要领导亲自抓、负总责，分管领导具体抓、全方位协调，环保部门全程跟进、统一监督管理，职能部门分工负责、齐抓共管，人大、政协监督视察，社会公众广泛参与的工作机制，形成了广泛的“环保统一战线”。

2. 狠抓工作落实是做好污染减排工作的关键

一是抓责任落实，层层落实目标责任管理机制，市政府与各区县政府签订了污染减排目标责任书，各区县又将污染减排任务层层分解，落实到了街道、乡镇、企业和有关责任人，并规定了完成时限；二是抓考核，制定了《重庆市主要污染物总量减排考核办法》，健全了目标责任考核体系，完善问责，落实奖惩；三是抓项目实施，实现了县县建成污水处理厂、燃煤电厂和 20 蒸吨以上锅炉全部削减或改造了脱硫设施；四是抓设施运行，强化对污染治理设施的监督管理，全面实行污染减排监察监测工作，加大了污染减排监察监测力度，确保设施正常运行，污染物稳定达标排放；五是抓经费投入，环保投入逐年提高，保证了减排项目的顺利实施；六是抓宣传，开展了广泛、深入、持久的宣传活动，提高了全社会的环境保护和污染减排意识。

3．健全工作机制是做好污染减排工作的保障

一是健全监控明察暗访长效机制，加大对重点企业的监控力度，增加检查频次，对违法排污始终保持着高压态势；二是建立污染减排部门协调机制，定期不定期召开污染减排工作联席会议；三是建立完善污染减排计划管理工作机制，对污染物年度减排计划、下达减排任务、减排项目的完成时限、完成内容、目标要求、工作流程等都作了明确的规定，使全市的污染减排工作更加规范有序；四是建立污染减排督办调度预警机制，市减排办每年对全市的工作进度进行调度分析，将分析评估结果通报各区县政府和市级相关部门，并对减排项目进度滞后、设施不正常运行、项目监测不达标和减排任务完成进度赶不上时间进度等情况及时予以预警，督促整改，有效推动了减排工作的顺利开展。

第三节　清洁能源开发

一、实施主城区燃煤锅炉（炉窑）清洁能源改造

在主城区全面实施燃煤设施清洁能源改造，先后对主城区 2 737 平方千米、119 个街道（镇）范围内 1 153 台 10 蒸吨及以下的燃煤锅炉和 1 500 台燃煤茶水炉全部改烧天然气、液化气、电等清洁能源。对 455 台燃煤工业炉窑实施清洁能源改造，城区 95 个街道（镇）创建基本无煤区，300 个社区建成无煤社区，治理 1 280 家餐饮业油烟废气。清洁能源改造工程总投资约 40 亿元，每年约减少燃煤 200 万吨，削减二氧化硫 11 万吨，可吸入颗粒物 5.7 万吨，氮氧化物 1 万吨。

二、区县城区建设烟尘控制区和推广清洁能源

为改善区县城区大气环境质量，各区县高度重视烟尘控制区建设和

推广清洁能源工作，继续扩大建设区县烟尘控制区和推广清洁能源，将郊区县烟尘控制区建设和推广清洁能源工作纳入每年度环保目标考核。目前，重庆市已累计完成污染企业搬迁 113 户；市政府启动了主城区第二阶段清洁能源改造工程，完成 538 台燃煤设施清洁能源改造，可削减燃煤 35 万吨，减排二氧化硫 2.1 万吨。主城以外区县城区全部建成烟尘控制区，累计建成烟尘控制区面积 397 平方千米，平均覆盖率达 70%以上。

三、控制城区社会生活燃煤污染，创建“无煤区和基本无煤区”

主城区全面建设基本无煤区、无煤区，居民推广使用天然气等清洁能源，主城区餐饮业、企事业单位、机关食堂 1 500 台燃煤大灶及茶水炉全部改用清洁能源。主城区全面建成基本无煤区，300 个居民社区成功创建无煤区，累计创建面积达 146 平方千米，覆盖人口 163 万，无煤区内禁止销售和使用燃煤，主城区民用清洁能源使用率达到 94.88%。

主城九区应结合国家模范城市创建工作，修订并落实《重庆市主城区燃煤设施清洁能源改造实施方案》，合理调配天然气和电力资源，加大力度推进现有燃煤设施的改造，力争在 2012 年前全面完成 20 蒸吨以下燃煤工业锅炉、小窑炉、大灶及茶水炉的清洁能源改造；完成渝中区等区整体建成无煤区，其余主城各区建成区的建成街道建成无煤街道，其余镇街全部建成基本无煤区。远郊区县城镇地区应结合城镇发展规划和天然气管网建设规划，制定分阶段燃煤设施清洁能源改造方案，在有燃气管网的街道（镇），对餐饮业和食堂炉灶、茶水炉、小窑炉、大灶以及 10 蒸吨以下燃煤工业锅炉等实施清洁能源改造。

严格限制高硫煤使用。全面实施煤炭质量例行监测，严控高硫煤和劣质煤入渝，加强对煤炭开采、运输和使用环节的煤质监控并定期公布。以火电、冶金、水泥等主要耗煤行业为监控重点，严格限制高硫煤的使用；大力推进低硫、低灰分配煤中心建设，确保优质电煤的供应，主城区及其周边区县的主力燃煤电厂必须储备足量的洗煤、精煤和低硫煤，确保冬春季节和重污染时段储备和使用的低硫煤。

第四节　培育发展循环经济产业链

一、加快推进全国循环经济试点城市建设

按照“减量化、再利用、再循环”的原则，大力推进循环经济制度和信息平台建设，加快发展循环经济。从农业、工业和服务业三个产业，企业、园区和社会三个层面，生产、建设、销售、消费四个领域，探索发展循环经济的有效实现形式，着力培育和建设一批具有代表性的高资源生产率、低污染排放率的循环经济示范产业、示范园区和示范企业。

二、大力发展循环型农业

以种养结合为基础，种养加工一体化开发为重点，废弃物资源化利用为纽带，建立健全种植—养殖—加工的循环生产模式，积极推广畜—沼—果、畜—沼—渔、草—畜—工等循环链，实现农业系统内物质循环利用，全程防控，改善农村环境卫生和防治农业面源污染。积极发展无公害、绿色、有机农产品的生产，扩大生产基地，有效减少化肥、农药的使用强度，改善种植业生态环境，提高农产品安全质量，研究实施大中型湖泊（水库）全面实行养殖总量控制制度。

三、培育壮大循环型工业

以新型工业化为导向，以产业链建设为重点，以工业园区为主要载体，加强高新技术和关键链接技术的创新研发与推广应用，加速产业结构优化升级，抓好矿产资源、能源和水资源的节约和循环利用。“十二

五”期间，重点在电力、冶金、化工、医药、轻纺、建材、汽车摩托车制造等行业培育一批示范带动作用强的循环型企业，加快“共生”企业和产业之间资源共享、副产品交换配套，促进循环型生态工业网络的形成，把主城九区建设成为全市循环经济的密集区，在全市各地建设一批生态工业园区。贯彻落实国家《再制造产业发展规划》，加快培育一批再制造典型企业，促进废旧的汽车、机电产品、钢铁、有色金属、轮胎、塑料、家电及电子产品、废纸、废旧家具、包装废物等的再生利用。

四、积极发展循环型服务业

树立绿色消费理念，实施绿色消费行动计划，推行政府绿色采购，鼓励企业开发环保型消费产品，鼓励和促进销售无公害、绿色、环保产品，倡导环境友好消费方式，形成全社会共同参与的循环经济体系。大力发展生态旅游业，强化景区生态环境保护，使生态旅游成为重庆市旅游业的重要品牌；积极开展“绿色饭店”和“绿色宾馆”创建工作，倡导节约消费，逐步减少一次性用品。大力推行生活垃圾分类收集处置处理，加快建立完善再生资源回收网络与再利用网络体系。

五、建设循环型社会

在循环型产业发展壮大和建成废物回收与再利用体系的基础上，以社区、城镇为重点，实现以绿色消费为目标、全社会共同参与为主要标志、经济结构调整和产业升级为主要途径的宏观层面循环，建立起结构合理、协调、可持续发展的循环经济产业体系，建设资源节约型和环境友好型社会。